50
IDEIAS DE
ASTRONOMIA
QUE VOCÊ PRECISA CONHECER

Tradução
Helena Londres

1ª reimpresão

Copyright © Giles Sparrow, 2016
Copyright © Editora Planeta do Brasil, 2018
Título original: *50 astronomy ideas you really need to know*

Preparação: Andressa Veronesi
Revisão: Olívia Tavares e Juliana de A. Rodrigues
Diagramação: Vivian Oliveira
Capa: Compañía

CIP-BRASIL. CATALOGAÇÃO-NA-FONTE
SINDICATO NACIONAL DOS EDITORES DE LIVROS, RJ

S73c
    Sparrow, Gilles
    50 ideias de astronomia que você precisa conhecer / Gilles Sparrow; tradução Helena Londres. - 1. ed. - São Paulo: Planeta, 2018.

    Tradução de: *50 astronomy ideas you really need to know*
    ISBN 978-85-422-1224-2

    1. Astronomia - Obra populares. 2. Curiosidades e maravilhas. I. Londres, Helena. II. Título: 50 ideias de astronomia que você precisa conhecer. III. Série.

17-46481   CDD: 523
                                                     CDU: 523

2019
Todos os direitos desta edição reservados à
EDITORA PLANETA DO BRASIL LTDA.
Rua Bela Cintra, 986 – 4º andar
01415-002 – Consolação – São Paulo-SP
www.planetadelivros.com.br
faleconosco@editoraplaneta.com.br

Sumário

Introdução 5

01 Nosso lugar no Universo 6
02 Observando os céus 10
03 O reino do Sol 14
04 O nascimento do sistema solar 18
05 Migração planetária 22
06 O nascimento da Lua 26
07 Água em Marte 30
08 Gigantes de gás e gelo 34
09 Luas oceânicas 38
10 Planetas-anões 42
11 Asteroides e cometas 46
12 Vida no sistema solar? 50
13 Nosso Sol – uma estrela vista de perto 54
14 Medindo as estrelas 58
15 Química estelar 62
16 O diagrama de Hertzsprung--Russell 66
17 A estrutura das estrelas 70
18 A fonte de energia das estrelas 74
19 O ciclo de vida das estrelas 78
20 Nebulosas e aglomerados de estrelas 82
21 O nascimento de estrelas 86
22 Estrelas anãs 90
23 Estrelas binárias e múltiplas 94
24 Em busca de exoplanetas 98
25 Outros sistemas solares 102
26 Zonas de Goldilocks 106
27 Gigantes vermelhas 110
28 Estrelas pulsantes 114
29 Supergigantes 118
30 Supernovas 122
31 Remanescentes estelares 126
32 Estrelas binárias extremas 130
33 Buracos negros 134
34 A galáxia da Via Láctea 138
35 O coração da Via Láctea 142
36 Tipos de galáxias 146
37 Galáxias em colisão e em evolução 150
38 Quasares e galáxias ativas 154
39 O Universo em larga escala 158
40 O cosmos em expansão 162
41 O Big Bang 166
42 Nucleossíntese e a evolução cósmica 170
43 Estrelas monstros e galáxias primitivas 174
44 A margem do Universo 178
45 A matéria escura 182
46 Energia escura 186
47 Relatividade e ondas gravitacionais 190
48 Vida no Universo 194
49 O multiverso 198
50 O destino do Universo 202

Glossário 207
Índice 211

Introdução

Considerando que raramente o comportamento dos objetos no céu noturno parece ter um impacto direto sobre a vida humana, pode soar estranho a astronomia alegar ser a mais antiga das ciências. De fato, as raízes da astronomia são anteriores à história registrada – o mapa de estrelas mais antigo conhecido foi pintado nas paredes de uma caverna em Lascaux, na França, em meados da última Idade do Gelo, há uns 17.300 anos. À primeira vista é simplesmente uma linda representação de um touro arremetendo, mas um exame mais próximo revela um aglomerado de pontos atrás do lombo do animal: uma inequívoca representação do agrupamento de estrelas Plêiades, na constelação moderna do Touro.

Para os antigos, os movimentos do Sol, da Lua e das estrelas realmente tinham conexão vital com os eventos na Terra: a tecnologia pode ter diminuído a nossa exposição à mudança das estações, mas para nossos ancestrais, era uma questão de vida ou morte. Na Idade Moderna, a astronomia exerce sua influência de outros modos, muitas vezes por meio da inovação científica que ela inspira (como a câmera CCD – Dispositivo de Carga Acoplada – em seus *smartphones* atesta). Mas talvez o verdadeiro fascínio da astronomia em nossos confusos tempos modernos está no fato de que ela toca os mistérios do infinito, e se aproxima, mais do que qualquer outra ciência, de explicar de onde nós viemos.

Este livro é uma celebração das maiores ideias da astronomia e das brilhantes, perceptivas e algumas vezes iconoclastas mentes que lhes deram forma. Por meio de 50 temas, espero abranger tudo; dos planetas variados e outros mundos na nossa soleira celestial, através das vidas e mortes das estrelas, à estrutura e origem do próprio Universo. Algumas das teorias discutidas adiante já têm séculos, enquanto outras são espantosamente modernas, e algumas ainda estão em processo de formação – uma das grandes belezas da astronomia como ciência é que, como o próprio Universo, ela nunca se aquieta. Inevitavelmente, minha seleção de temas é pessoal, moldada pelos meus próprios interesses e discussões com numerosos astrônomos em atividade, mas espero que haja algo aqui para fascinar e, talvez, até inspirar, a todos.

Giles Sparrow

01 Nosso lugar no Universo

Na história da astronomia, a compreensão do nosso lugar no Universo avança enquanto a nossa significância dentro do cosmos, aos poucos, diminui. Uma vez no centro da criação, nosso mundo agora é visto como uma partícula na vastidão do cosmos.

A humanidade tem sido obcecada por estrelas ao longo da história, não apenas contando casos a respeito delas e enchendo-as de significado, mas também as utilizando para objetivos práticos, como marcar o tempo. Os antigos egípcios previam a chegada da estação de cheia no Nilo quando Sirius, a estrela mais brilhante do céu, surgia logo depois da madrugada. Mas outra linha importante do pensamento antigo, a astrologia, produziu as primeiras tentativas de modelar nosso lugar no cosmos.

Antigos astrólogos eram levados pela ideia de que os céus eram um espelho da Terra: os movimentos do Sol, da Lua e dos planetas errantes entre os padrões das estrelas fixas, chamadas constelações, não necessariamente influenciavam os eventos na Terra, mas os refletiam. Desse modo, se uma grande fome se abatesse quando Marte e Júpiter estivessem em conjunção (próximos um ao outro no céu) em Touro, então você poderia prever um evento semelhante quando esses planetas se aproximassem outra vez do alinhamento dessa constelação. Mais ainda, os movimentos dos planetas não eram inteiramente imprevisíveis, de modo que se você conseguisse prevê-los, poderia predizer futuros eventos na Terra.

O Universo geocêntrico O grande desafio, então, era desenvolver um modelo dos movimentos planetários que fosse suficientemente acurado. A maior parte dos astrônomos antigos ficou paralisada pela ideia do senso comum de que a Terra estáva fixa no espaço (afinal de contas, não sentimos seu movimento). Sem qualquer ideia da escala do cosmos, eles assumi-

linha do tempo

c. 150 d.C.	1543	1608
O *Almagesto* de Ptolomeu consolida a visão clássica de um Universo geocêntrico, com a Terra no centro	Copérnico publica sua conjectura de um Universo heliocêntrico, com o Sol no centro	Kepler modela as órbitas como elipses, em vez de círculos, finalmente explicando o movimento dos planetas

ram que a Lua, o Sol, os planetas e as estrelas seguiam rotas circulares em velocidades variadas, de modo tal a produzir a movimentos aparentes vista no céu (ver boxe na página 8).

Infelizmente, esse modelo geocêntrico (centrado na Terra), apesar de sua atraente simplicidade, não gerava previsões acuradas.

> **"... O vasto universo em que estamos embutidos como um grão de areia em um oceano cósmico."**
> **Carl Sagan**

Os planetas mudavam rapidamente suas rotas previstas através do céu, e os astrônomos acrescentavam diversas tolices para corrigir esse fato. O modelo atingiu o auge no século II d.C., por meio do trabalho do astrônomo grego-egípcio Ptolomeu de Alexandria. Sua grande obra, o *Almagesto*, descrevia planetas se movendo em rotas circulares, chamadas epiciclos, cujos centros por sua vez orbitavam a Terra. Endossado tanto pelo Império Romano como por seus sucessores cristãos e muçulmanos, o modelo de Ptolomeu reinou supremo durante mais de um milênio. Astrônomos contemporâneos se preocupavam muito em refinar as medidas dos movimentos planetários com o objetivo, eles esperavam, de adaptar os diversos parâmetros do modelo e melhorar suas previsões.

O Sol no centro Com a aurora do Renascimento europeu, a visão há muito sustentada de que a sabedoria antiga era impecável começou a soçobrar entre os pensadores em diversos campos, e alguns astrônomos passaram a pensar se o modelo geocêntrico de Ptolomeu não seria fundamentalmente falho. Em 1514, o padre polonês Nicolau Copérnico fez circular um livreto no qual alegava que os movimentos que se observavam no céu poderiam ser melhor explicados por um modelo com o Sol no centro, ou heliocêntrico. Em seu conceito, a Terra era apenas um entre diversos planetas em rotas circulares em torno do Sol e, na verdade, só a Lua orbitava a Terra (uma teoria que de fato tinha sido proposta por diversos filósofos gregos antigos). A ideia de Copérnico começou a ganhar terreno com a publicação póstuma de sua obra-prima, *Da revolução de esferas celestes*, em 1543, mas essas órbitas circulares trouxeram seus próprios problemas, quando se tratou de fazer previsões acuradas. Só em 1608, quando um astrônomo alemão, Johannes Kepler, apresentou um novo modelo no qual as órbitas eram elipses alongadas, foi que o mistério dos movimentos planetários ficou finalmente resolvido. Nosso mundo foi destituído de sua posição no coração da criação.

1781
William Herschel elabora o primeiro mapa da Via Láctea, mostrando nossa galáxia como um plano de estrelas achatado

1924
Edwin Hubble mostra que a nebulosa espiral corresponde a galáxias independentes, a milhões de anos-luz além da nossa

1929
Hubble mostra que o Universo está em expansão – a raiz da teoria do Big Bang

Movimentos planetários

Os planetas nos céus da Terra são, grosso modo, divididos em dois grupos – os planetas "inferiores", Mercúrio e Vênus fazem alças em torno da posição do Sol no céu, mas nunca se afastam dele, de modo que sempre aparecem no oeste, depois do pôr do sol, ou no leste, antes do nascer do Sol. Em contraste, os planetas "superiores" – Marte, Júpiter, Saturno, Urano e Netuno – seguem órbitas que os levam ao redor do céu inteiro, e podem aparecer no lado oposto do céu em relação ao Sol. Mas o movimento deles é complicado pelas laçadas retrógradas, períodos em que temporariamente e com velocidade mais lenta retrocedem seu desvio para leste contra as estrelas, antes de acabarem seguindo seus caminhos. O movimento retrógrado era o maior desafio para os modelos geocêntricos do sistema solar, e Ptolomeu a explicou colocando os planetas superiores em órbitas dentro de órbitas, conhecidas como epiciclos. Em um sistema heliocêntrico, no entanto, o movimento retrógrado é bastante fácil de explicar como um efeito de mudança de pontos de observação, quando a Terra, que vai mais rápido, ultrapassa um planeta superior.

Logo os astrônomos perceberam que a Revolução Copernicana diminuía ainda mais nosso lugar no Universo. Se a Terra estava andando de um lado para outro em uma órbita vasta, curva, então certamente o efeito de paralaxe (o desvio aparente de objetos próximos quando visto de pontos de observação diferentes) deveria afetar a posição das estrelas? O fato de que a paralaxe não podia ser vista, mesmo com o auxílio de novos recursos na observação, como o telescópio (ver página 10), implicava em que as estrelas estavam inimaginavelmente longe – não uma esfera de luzes em torno do sistema solar, mas elas mesmas sóis distantes. E mais ainda, os telescópios revelaram inúmeras estrelas anteriormente invisíveis, e mostraram que a faixa clara na Via Láctea era feita de densas nuvens de estrelas.

O Universo mais amplo Lá pelo fim do século XVIII, os astrônomos começaram a mapear a estrutura da nossa galáxia, o plano achatado das estrelas (que mais tarde se mostrou ser um disco, depois uma espiral – ver página 138) que se pensava conter toda a criação. No início, a Terra foi mais uma vez privilegiada ao ser colocada perto do centro da galáxia, e só no século XX é que foi confirmada a verdadeira posição do nosso sistema solar – a uns 26 mil anos-luz para fora, em uma parte bastante insignificante da Via Láctea. A essa altura, o desenvolvimento da nossa compreensão das estrelas, inclusive medidas acuradas de suas distâncias (ver página 58) tinham mostrado que até o nosso Sol não tinha nada de especial. Na verdade, uma estrela amarela anã bastante apagada, obscurecida por muitas das 200 bilhões ou mais de estrelas na nossa galáxia.

Um grande avanço final na nossa perspectiva cósmica surgiu em 1924, quando o astrônomo norte-americano Edwin Hubble mostrou que nebulosas espirais vistas em diversas partes do céu eram, na verdade, um conjunto

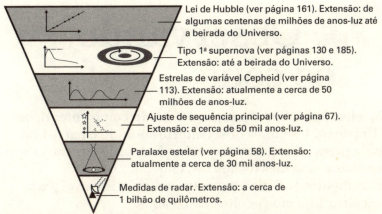

Lei de Hubble (ver página 161). Extensão: de algumas centenas de milhões de anos-luz até a beirada do Universo.

Tipo 1ª supernova (ver páginas 130 e 185). Extensão: até a beirada do Universo.

Estrelas de variável Cepheid (ver página 113). Extensão: atualmente a cerca de 50 milhões de anos-luz.

Ajuste de sequência principal (ver página 67). Extensão: a cerca de 50 mil anos-luz.

Paralaxe estelar (ver página 58). Extensão: atualmente a cerca de 30 mil anos-luz.

Medidas de radar. Extensão: a cerca de 1 bilhão de quilômetros.

Uma ampla gama de diferentes técnicas é usada para medir distâncias de objetos astronômicos próximos e distantes. Ao longo da história da astronomia, o estabelecimento de um degrau nessa escada de distância muitas vezes dá indícios de como podem ser encontrados objetos no degrau seguinte.

de sistemas estelares a distâncias inimagináveis. A Via Láctea, da qual somos uma parte tão insignificante, não passa de uma entre inúmeras galáxias (ver página 146) – talvez em mesmo número que as estrelas da nossa galáxia, espalhadas por um Universo em constante expansão (ver página 162). E até mesmo esse pode não ser o final da história: há cada vez mais evidências de que o nosso próprio Universo pode ser apenas um entre um número infinito de outros, na imensurável estrutura conhecida como multiverso (ver página 198).

A ideia condensada: cada nova descoberta diminui o nosso lugar no Universo

02 Observando os céus

Os telescópios transformaram o modo como entendemos o Universo. Os atuais observatórios no solo e em órbita conseguem espiar até a fronteira do espaço e resolver detalhes a enormes distâncias, enquanto outros instrumentos sofisticados usam radiação invisível para descobrir aspectos ocultos do cosmos.

Antes da invenção do telescópio, os instrumentos mais importantes à disposição dos astrônomos eram os astrolábios, quadrantes e outros dispositivos usados para medir a posição de objetos no céu e os ângulos entre eles. Sem ajuda, o olho humano impunha limites naturais, tanto no brilho de objetos que conseguiam ser avistados, como na quantidade de detalhes que podiam ser distinguidos. Então, em 1608, um fabricante holandês de óculos chamado Hans Lippershey depositou uma patente de um dispositivo engenhoso que usava duas lentes (uma objetiva convexa e uma ocular côncava) para criar uma imagem ampliada em cerca de 3 vezes. Esse foi o primeiro telescópio.

Uma visão melhor A notícia da invenção holandesa espalhou-se rapidamente, chegando a Galileu Galilei, em Veneza, em junho de 1609. Trabalhando sozinho os princípios, Galileu construiu diversos instrumentos, culminando com um que dava a ampliação sem precedentes de 33 vezes. Em 1610 ele fez inúmeras descobertas importantes com esse telescópio, inclusive os quatro brilhantes satélites de Júpiter, manchas no Sol e as fases de Vênus. Essas descobertas o convenceram de que o Universo heliocêntrico de Copérnico, com o Sol no centro, estava correto, e o fez entrar em conflito com as autoridades conservadoras da Igreja Católica.

Em 1611, Johannes Kepler calculou como, em princípio, um telescópio com duas lentes convexas poderia produzir ampliações muito maiores, e lá por meados do século XVII, esse tinha se tornado o tipo de telescópio mais popu-

linha do tempo

1609	1668	Anos 1870
Galileu é uma das primeiras pessoas a apontar um telescópio para o céu	Isaac Newton constrói (baseado em espelhos) o primeiro telescópio refletor funcional	William Huggins começa a usar fotografia e espectrografia por meio de telescópios como uma ferramenta de pesquisa

lar, levando a várias novas descobertas. Um fabricante de instrumentos especialmente bem-sucedido foi o cientista holandês Christiaan Huygens, que usou telescópios cada vez mais longos para fazer novos descobrimentos, inclusive a lua de Saturno, Titã, e o formato verdadeiro dos anéis de Saturno (que Galileu tinha identificado como uma estranha distorção).

Entretanto, o final dos anos 1600 viu um tipo inteiramente novo de telescópio ganhar grande apreço. O projeto do refletor usava um espelho primário curvo para coletar e focalizar a luz e um secundário, menor, para defleti-la na direção da ocular. O primeiro telescópio prático desse modelo foi finalizado por Isaac Newton em 1668, e gerou muitas variantes. Os telescópios oferecem aos astrônomos maior alcance de luz e melhoram o poder de resolução. A lente objetiva de um telescópio, ou espelho primário, oferece uma superfície de coleta muito maior para a fraca luz das estrelas do que o pequeno diâmetro de uma pupila humana, então os telescópios em geral conseguem ver objetos muito mais esmaecidos. Ao mesmo tempo, o poder de ampliação oferecido pela ocular nos permite resolver detalhes e separar objetos muito próximos.

> **"Nosso conhecimento das estrelas e da matéria interestelar deve ser baseado principalmente na radiação eletromagnética que chega até nós."**
> Lyman Spitzer

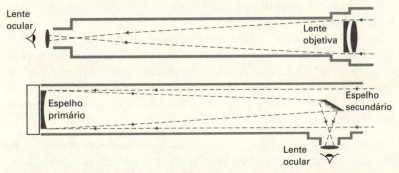

Esquema dos dois tipos básicos de telescópio. Em um refrator (topo) a luz coletada por uma lente objetiva é desviada para um foco, e depois uma imagem ampliada é criada pela lente ocular. Em um refletor newtoniano (inferior), um espelho primário curvo coleta a luz e a reflete de volta para um espelho secundário, que então a deflete para uma lente ocular.

1957 Bernard Lovell constrói o primeiro grande telescópio rádio dirigível no Observatório Jodrell Bank, na Inglaterra

1979 O primeiro telescópio multiespelho é construído no Mount Hopkins, Arizona

1990 O Telescópio Espacial Hubble passa a ser o primeiro grande telescópio ótico no espaço

> ## Alargando os limites
>
> A última geração de grandes telescópios astronômicos emprega controle por computador e materiais modernos para criar superfícies maiores do que nunca para coletar a luz. Os maiores instrumentos de só um espelho são os monstros gêmeos de 8,4 metros no Observatório Internacional de Mount Graham, no Arizona, seguido de perto pelos quatro espelhos de 8,2 metros do *Very Large Telescope* (VLT) do Observatório Europeu do Sul, no Chile. Os dois instrumentos usam ótica ativa – uma rede de motores computadorizados, chamados atuadores, que sustentam o espelho e contrabalançam distorções provocadas por seu próprio peso. Outro sistema, chamado de ótica adaptativa, mede a distorção da luz vinda de objetos-alvos enquanto ela atravessa a atmosfera e ajusta constantemente o espelho para contrabalançar essa distorção, resultando em imagens cuja nitidez pode rivalizar com as do Telescópio Espacial Hubble.
>
> Os telescópios de múltiplos espelhos podem ficar ainda maiores. O *Gran Telescopio Canarias*, em La Palma, nas Ilhas Canárias, tem 36 espelhos entrelaçados formando uma superfície equivalente a um único espelho de 10,4 metros. Projetos ainda mais ambiciosos estão sendo planejados com a construção, no Chile, do *European Extremely Large Telescope* (E-ELT), cujo enorme espelho primário de 39,3 metros consiste em 798 segmentos individuais.

Telescópios modernos Os dois tipos de telescópio têm seus prós e contras, mas em geral os problemas práticos de fundir e montar pesadas lentes convexas, mais as enormes quantidades de preciosa luz estelar que eles absorvem, limitam os refratores com bases em lentes a cerca de 1 metro. O tamanho do telescópio refletor, enquanto isso, empacou no nível de cerca de 5 metros durante grande parte do século XX. Entretanto, novos materiais (espelhos feitos em formato de favos de mel interlaçados) e, acima de tudo, controle computadorizado, lhes permitiram crescer rapidamente a 10 metros e mais (ver boxe acima).

É claro, os telescópios mais modernos não são construídos pensando-se no olho humano, e desde meados do século XIX a fotografia vem desempenhando um papel importante na astronomia. As fotografias não apenas capturam vistas para a posteridade, mas também aumentam ainda mais a captação da luz de um telescópio. Desde que o telescópio seja corretamente orientado e girado lentamente para manter o passo com o efeito da rotação da Terra, uma imagem de longa exposição pode "integrar" muitas horas de luz estelar distante. A fotografia astronômica é agora dominada por Dispositivo de Carga Acoplada (CCDs) eletrônicos, que conseguem até seguir o número exato de fótons que atingem um pixel individual de um semicondutor. Muitas vezes a luz de um objeto distante é passada através de um espectroscópio (um dispositivo dotado de retículo fino de difração que funciona como um prisma), separando essa luz em um espectro, feito um arco-íris, dentro do qual a intensidade de cores específicas pode ser medida como parte de uma pesquisa espectroscópica (ver página 62).

Radiações invisíveis O espectro de luz visível vinda do espaço que atinge a Terra não passa de uma parte pequena do espectro eletromagnético. As radiações eletromagnéticas consistem em pacotes de ondas oscilantes, chamadas fótons, e nossos olhos evoluíram para ver a luz porque ela, por acaso, é uma das poucas bandas de radiação que atravessam a atmosfera terrestre até a superfície. Outras formas de radiação incluem o infravermelho ("radiação de calor" com ondas ligeiramente mais longas do que as de luz vermelha), e rádio (com ondas ainda mais longas). A radiação infravermelha do espaço tende a ser inundada pelo calor de nossa própria atmosfera (ou até aquela que emana dos instrumentos usados para detectá-la), de modo que, em geral, ela é observada com o uso de telescópios em topos de montanhas, especialmente resfriados, ou observatórios montados em satélites em órbita. Os longos comprimentos de onda das ondas de rádio, enquanto isso, apresentam desafios práticos para sua detecção – em geral, são coletados usando-se enormes antenas parabólicas que funcionam de modo parecido com os telescópios de reflexão.

Os raios ultravioleta, ao contrário, têm comprimentos de onda mais curtos do que a luz violeta, e energia mais alta, enquanto os raios X e raios gama são ainda mais curtos e energéticos. Essas três formas de radiação eletromagnética podem ser perigosas para os tecidos vivos e, por sorte, a maior parte é bloqueada pela atmosfera terrestre. A era da astronomia de alta energia só surgiu com o uso de telescópios estabelecidos no espaço, e os instrumentos para coletar e detectar raios X e gama têm pouca semelhança com os conhecidos projetos de telescópios de Galileu e Newton.

A ideia condensada: os telescópios revelam os segredos ocultos do Universo

03 O reino do Sol

Nosso sistema solar consiste do Sol, de todos os objetos que orbitam em torno dele e da região do espaço diretamente sob sua influência. Abrange 8 planetas principais, 5 planetas-anões conhecidos e uma multidão de luas e incontáveis objetos menores, com composições tanto rochosas quanto de gelo.

Durante a maior parte da história registrada, o sistema solar consistia em apenas 8 objetos conhecidos – a Terra, a Lua, o Sol e 5 planetas visíveis a olho nu: Mercúrio, Vênus, Marte, Júpiter e Saturno. Cada um seguia seu próprio caminho complexo pelo céu, contra um fundo aparentemente fixo de estrelas mais distantes. Foi só no século XVI que a Terra foi amplamente reconhecida como sendo apenas o terceiro de 6 planetas orbitando em torno do Sol, e o movimento dos planetas começou a fazer sentido (ver página 8).

Agora ficou claro que o Sol era o corpo dominante no nosso sistema solar, exercendo uma força que mantém todos os planetas em órbita elíptica ao seu redor. Em 1687, a explicação dada por Isaac Newton foi que isso seria uma extensão da mesma força gravitacional que faz com que objetos caiam na direção do centro da Terra. Uma vez estabelecido esse modelo, os astrônomos puderam usar técnicas geométricas, com precisão melhorada pelo telescópio, recentemente inventado, para medir a verdadeira escala do sistema solar (ver boxe, na página 16).

Uma medida fundamental era a distância média da Terra ao Sol, que resultou em cerca de 150 milhões de quilômetros. Essa se tornou uma unidade de medida conveniente em si só, conhecida hoje como unidade astronômica (AU). O estabelecimento da escala do sistema solar também revelou a escala de seus planetas individualmente – Vênus acabou tendo cerca do mesmo tamanho que a Terra, Mercúrio e Marte são significativamente menores, enquanto Júpiter e Saturno eram gigantes, em comparação.

linha do tempo

1543	1610	1781
Copérnico propõe uma visão do sistema solar com o Sol no centro, sendo a Terra um dos 6 planetas	Galileu descobre luas, anteriormente não vistas, em órbita ao redor de Júpiter	William Herschel descobre um novo planeta além de Saturno, mais tarde batizado de Urano

Novos mundos Enquanto os astrônomos do século XVII começavam a descobrir luas até então invisíveis em torno de Júpiter e Saturno, e o fantástico sistema de anéis de Saturno, pensava-se que os únicos objetos não planetários em órbita em torno do próprio Sol eram cometas, como aquele cuja órbita foi calculada pelo amigo de Newton, Edmond Halley, em 1705. Esses se mostravam como visitantes ocasionais ao sistema solar interior. Então, em 1781, quando o astrônomo alemão William Herschel avistou um pequeno ponto azul-esverdeado enquanto fazia um levantamento de estrelas, em sua casa, na cidade inglesa de Bath, ele naturalmente supôs que era um cometa. Observações subsequentes, no entanto, revelaram a verdade: o movimento lento do objeto contra as estrelas indicava uma distância de cerca de 20 AU, sugerindo que não era um cometa, mas um planeta substancial em si mesmo – o mundo agora o conhece como Urano.

> **O sistema solar deveria ser visto como nosso quintal, não como uma sequência de destinos que percorremos, um de cada vez.**
> Neil deGrasse Tyson

A descoberta de Herschel deflagrou uma mania de caçar planetas, com muito interesse concentrado em um intervalo percebido na ordem dos planetas entre as órbitas de Marte e Júpiter. Em 1801, isso levou à descoberta de Ceres (ver página 42), um pequeno mundo que não se revelou um planeta completo, mas o primeiro e o maior de muitos asteroides – corpos rochosos em órbita por todo o sistema solar, mas que ficam concentrados principalmente em um largo cinturão entre Marte e Júpiter.

Embora Urano e os asteroides tenham sido descobertos por um feliz acidente, foi a matemática pura que levou à descoberta de outro planeta principal, em 1846. Nesse caso, o matemático francês Urbain Le Verrier executou uma análise minuciosa das irregularidades na órbita de Urano, identificando com precisão o tamanho e o local de um mundo mais distante (agora conhecido como Netuno), que foi logo avistado pelo astrônomo alemão Johann Galle no Observatório de Berlim.

A caça ao planeta X Na esteira do triunfo de Le Verrier, muitos astrônomos ficaram enfeitiçados pela ideia de encontrar novos planetas por

1801	1846	1930	2016
Enquanto procurava um novo planeta entre Marte e Júpiter, Giuseppe Piazzi descobre Ceres, o maior asteroide	Urbain Le Verrier usa irregularidades na órbita de Urano para prever a posição de um oitavo planeta: Netuno	Clyde Tombaugh descobre Plutão, um novo mundo que prova ser o primeiro objeto conhecido do Cinturão de Kuiper	Batygin e Brown afirmam terem encontrado evidências de um grande nono planeta nas órbitas dos objetos do Cinturão de Kuiper

meio da matemática. O próprio Le Verrier fracassou ao predizer outro planeta chamado Vulcano, orbitando o Sol dentro da órbita de Mercúrio, enquanto outros faziam previsões regulares de um Planeta x em órbita além de Netuno. O mais dedicado desses caçadores de planetas era o rico amador Percival Lowell (também entusiasta dos chamados canais de Marte – ver página 30), que instalou seu próprio observatório em Flagstaff, Arizona, e legou fundos para que a pesquisa continuasse depois de sua morte, em 1916. Foi em Flagstaff, em 1930, que Clyde Tombaugh, um jovem pesquisador contratado para realizar uma nova e abrangente pesquisa em busca do planeta de Lowell, avistou em duas placas fotográficas gravadas em diferentes dias um ponto minúsculo se movendo contra as estrelas. Esse mundo distante foi logo chamado de Plutão e anunciado como o nono planeta do sistema solar.

Entretanto, o tamanho e a massa de Plutão se mostraram decepcionantemente pequenos, e desde o início alguns astrônomos duvidaram que realmente se devesse classificá-lo como um planeta, do mesmo modo que os outros. Muitos suspeitavam que, como Ceres, ele fosse o primeiro de uma classe inteiramente nova de objetos – pequenos mundos de gelo em órbita além de Netuno, no que agora chamamos de Cinturão de Kuiper – KBO, em inglês – (ver página 49). Foi só em 1992 que o Telescópio Espacial Hubble finalmente foi atrás de outro objeto do Cinturão de Kuiper, mas o número deles desde então aumentou vertiginosamente, atualmente com mais de 1.000 identificados. Dada essa taxa de descoberta, era inevitável que o status planetário de Plutão pudesse ser questionado e, em 2006, a União Astronômica Internacional (IAU, em inglês) introduziu uma nova classificação, a de planetas-anões, que abrange Plutão, Ceres e diversos outros objetos (ver página 43).

Será que existem ainda outros mundos substanciais esperando para serem descobertos nas profundezas do sistema solar exterior? Modelos atuais do nascimento e evolução do sistema solar podem fazer parecer que isso é improvável (ver páginas 18-23), mas alguns astrônomos alegam que as órbitas de determinados KBOs podem ser influenciadas por planetas maiores desco-

---

Aristarco mede o sistema solar

No terceiro século antes da era cristã, o astrônomo grego Aristarco de Samos usou um método engenhoso para calcular as distâncias da Lua e do Sol. Ao perceber que as fases da Lua eram causadas pela variação da iluminação solar, ele mediu o ângulo entre o Sol e a Lua no primeiro quarto, quando exatamente metade do disco lunar está iluminado, e depois usou a geometria para calcular a distância entre esses dois corpos. Por conta dos erros de medidas, Samos calculou que o Sol estava 20 vezes mais distante do que a Lua (e que, portanto, era 20 vezes maior). O número real é 400 vezes, mas a diferença ainda era suficiente para convencê-lo de que o Sol, e não a Terra, deveria estar no centro do sistema solar.

> ## A heliosfera
>
> Ao discutir os limites do sistema solar, alguns astrônomos preferem não utilizar o alcance gravitacional do Sol, mas a heliosfera, região em que o vento solar domina acima da influência de outras estrelas. O vento solar é um fluxo de partículas eletricamente carregadas sopradas da superfície do Sol, e que estendem seu campo magnético ao longo do sistema solar. Ele é responsável por fenômenos como as auroras (luzes no norte e no sul) em diversos planetas. O vento viaja sem obstáculos em velocidades supersônicas além da órbita de Plutão, mas aí diminui, numa região de turbulência subsônica, ao encontrar pressões cada vez maiores vindas do meio interestelar que a rodeia (ver página 172). A margem exterior da heliosfera, onde o fluxo para fora do vento solar para, é conhecida como heliopausa, e é o limite a que se referem, em geral, os cientistas quando falam em sair do sistema solar. A sonda da NASA Voyager 1 atravessou a heliopausa a cerca de 121 au do Sol em agosto de 2012.

nhecidos. Em 2016, Konstantin Batygin e Mike Brown, astrônomos do Instituo de Tecnologia da Califórnia (Caltech), fizeram a alegação mais definitiva em relação à existência de um "nono planeta", com a massa de 10 Terras em uma longa órbita elíptica. Até agora, no entanto, os únicos objetos não vistos de cuja existência podemos ter certeza são os trilhões de cometas da Nuvem de Oort. A existência desse vasto halo esférico de cometas rodeando o Sol até uma distância de cerca de 1 ano-luz é revelada pelas órbitas de cometas que caem dentro do sistema solar interior.

A ideia condensada: o tamanho e a complexidade do nosso sistema solar continuam crescendo

04 O nascimento do sistema solar

Como surgiram o Sol e o heterogêneo sistema de planetas e pequenos corpos em torno dele? Durante mais de dois séculos, os cientistas vêm discutindo diversas teorias, mas agora uma nova ideia chamada de acreção de seixos promete finalmente resolver as questões não respondidas.

O sistema solar tem 3 zonas bastante diferentes. Perto do Sol há um reino de planetas rochosos e asteroides dominado por materiais "refratários" com pontos de fusão relativamente altos, como os metais. Mais longe, além do cinturão de asteroides, ficam os planetas gigantes e suas luas de gelo, compostas principalmente por substâncias químicas voláteis que derretem em temperaturas mais baixas. Mais distante de tudo estão o Cinturão de Kuiper e a Nuvem de Oort de pequenos corpos de gelo.

A primeira teoria científica das origens planetárias, que buscava apenas explicar a diferença entre planetas rochosos e os gigantes mais distantes, era conhecida como a hipótese nebular. Em 1755, o filósofo alemão Immanuel Kant propôs que o Sol e os planetas tinham se formado ao lado uns dos outros durante o colapso de uma grande nuvem de gás e poeira. O brilhante matemático francês Pierre-Simon Laplace concebeu, independentemente, um modelo similar em 1796. Laplace mostrou como colisões dentro da nuvem de gás e a conservação do momento angular iriam naturalmente fazer com que o disco formador dos planetas se achatasse e girasse mais rapidamente na direção de seu centro, ao mesmo tempo que obrigava os planetas resultantes a percorrerem órbitas mais ou menos circulares.

Uma multidão de teorias Em meados do século XIX, alguns astrônomos discutiam que a nebulosa em espiral visível nos telescópios maiores e nas primeiras imagens fotográficas poderiam ser sistemas solares em formação (ver página 148). Outros, no entanto, expressavam dúvidas significati-

linha do tempo

1734	1755	1796
Emanuel Swedenborg sugere que os planetas são formados pelo colapso de nuvens de gás ejetadas pelo Sol	Immanuel Kant propõe que o Sol e os planetas se aglutinaram a partir de uma nebulosa inicial	Laplace apresenta sua própria versão da hipótese nebular, sublinhando os processos físicos em ação

vas, em particular em relação ao período lento de rotação do Sol (c.25-dia) – já que nossa estrela concentra 99,9% da massa do sistema solar no seu centro, certamente não deveria girar muito mais rapidamente?

À medida que essas preocupações se enraizavam, a hipótese nebular foi sendo abandonada em favor de novas teorias. Talvez os planetas se formassem a partir de uma longa faixa de luz da atmosfera solar, rasgada por uma estrela de passagem? Talvez fossem criados do material capturado quando o Sol fez o mesmo com outra estrela? Ou talvez tivessem sido varridos a partir de uma nuvem de "protoplanetas" do espaço exterior?

> **"Sobre uma leve conjectura... aventurei-me numa viagem perigosa, e já percebo os contrafortes de novas terras. Aqueles que têm a coragem de continuar... irão apear nelas."**
> **Immanuel Kant**

Foi somente nos anos 1970 que os astrônomos começaram a considerar a hipótese nebular, graças, em grande parte, ao trabalho do astrônomo soviético Viktor Safronov. Novos elementos introduzidos à teoria permitiam que planetas se formassem com muito menos massa no disco original, reduzindo a necessidade de um Sol em rápida rotação. Fundamental para o modelo de Safronov, de uma nebulosa solar em disco, foi a ideia de acreção por colisões – um processo no qual objetos individuais crescem desde grãos de poeira até protoplanetas do tamanho de Marte passo a passo, a partir de colisões e fusões.

Acreção por colisões Quando as ideias de Safronov se tornaram conhecidas fora da União Soviética, astrônomos já tinham aprendido muito mais acerca da evolução inicial das próprias estrelas, e essas duas linhas se uniram para construir um cenário coerente. Quando uma protoestrela jovem, quente e instável começa a brilhar (ver página 86), ela produz violentos ventos estelares que sopram pela nebulosa ao seu redor, junto com radiações fortes que aumentam a temperatura das regiões internas da nebulosa. Isso tem o efeito de provocar a evaporação de material gelado, volátil, próximo à estrela, e depois soprar para fora, deixando para trás o material refratável poeirento. Colisões aleatórias ao longo de alguns milhões de anos veem essas partículas

1905	1917	1978	2012
Thomas Chamberlain e Forest Moulton propõem a primeira teoria de acúmulo para explicar o crescimento dos planetas	James Jeans apresenta uma hipótese das marés para explicar a origem dos planetas	A. J. R. Prentice mostra como grãos de poeira na nebulosa solar poderiam retardar a rotação de seu centro	Michiel Lambrechts e Ander Johansen propõem o acúmulo de seixos como um modo de formação rápida de núcleos planetares

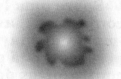
1. Nuvem protoestelar

3. Formação de núcleos planetários

2. Disco protoplanetário

4. Planetas limpam suas órbitas de materiais

Embora os detalhes precisos da formação do sistema solar ainda não sejam definitivamente conhecidos, a história em geral é clara: uma nuvem de gás e poeira começa a desabar sob sua própria gravidade (1), achatando-se em um disco com um centro abaulado (2). O Sol se forma no centro, com os núcleos sólidos de protoplanetas em órbita ao seu redor (3). Esses materiais varridos de seus entornos produzem os planetas principais atuais (4).

crescerem de poeira a seixos, a pequenos asteroides. Uma vez que estejam grandes o suficiente para exercerem uma gravidade moderada, o processo vai crescendo como uma bola de neve em um efeito conhecido como crescente de fuga. Os corpos em crescimento, conhecidos como planetesimais, atraem cada vez mais material em sua direção, limpando a maior parte do espaço ao redor até que restem algumas dúzias de mundos, talvez do tamanho da nossa Lua. As colisões entre esses protoplanetas dão origem a um número menor de planetas rochosos, enquanto o calor liberado pelos impactos faz com que derretam, permitindo que seus interiores se diferenciem e suas crostas se solidifiquem numa forma esférica.

Quanto mais distante do centro do sistema estelar, mais frio fica. Os gelos voláteis se mantêm congelados e o gás tende a permanecer, liberando mais material para a formação de planetas. O processo de formação de planetas se dá mais ou menos do mesmo modo, em uma escala bem mais grandiosa, resultando em planetas com núcleos sólidos maiores, que então atraem para si o gás em torno para formar profundas atmosferas ricas em hidrogênio. Nas margens exteriores da zona de formação de planetas, o material se espalha de forma muito tênue para constituir planetas grandes, resultando em um proto-Cinturão de Kuiper de mundos anões gelados.

A teoria de Safronov tem se mantido por mais de quatro décadas. Respaldada pela descoberta de discos de formação de planetas em torno de muitas outras estrelas, é amplamente aceita como acurada, quando se trata da visão maior. Entretanto, recentemente, alguns astrônomos começaram a suspeitar que essa não é a história completa. Em particular, há dúvidas a respeito do modelo de colisão de dois corpos de Safronov, e há evidências crescentes

Acreção de seixos

Recentemente, especialistas na formação de planetas aprimoraram uma nova teoria para explicar diversos mistérios notáveis nesse processo: não apenas como corpos em acreção atravessam o limiar do tamanho de escala pequena para grande, mas também como os gigantes de gás cresceram seus núcleos em velocidade suficiente para reter gases que desaparecem rápido, e por que os planetas terrestres parecem ter sido formados em tempos consideravelmente diferentes. A acreção de seixos sugere que o sistema solar inicial expandiu rapidamente enormes conjuntos de pequenos fragmentos sólidos, lentos e capturados por seu movimento através do gás circundante. Em apenas um par de milhões de anos da formação do Sol, esses conjuntos cresceram o suficiente para se tornarem gravitacionalmente instáveis, desabando para formar planetesimais do tamanho de Plutão em questão de meses ou anos. A gravidade desses mundos, então, atraiu rapidamente os seixos restantes em seus arredores, deixando talvez algumas dúzias de mundos do tamanho de Marte. Os planetas gigantes foram, portanto, capazes de começar a acumular seus envelopes de gás e gelo desde o início, enquanto Marte já tinha crescido inteiramente. Apenas os maiores planetas terrestres, Terra e Vênus, exigiram uma fase final de colisões do estilo Safronov, durante as centenas de milhões de anos seguintes, mais ou menos, para alcançar seu tamanho atual.

de que muitos mundos no sistema solar não passaram pelo tipo de fusão completa exigida pelas repetidas colisões planetesimais defendidas pelo astrônomo. Tão importante quanto, cientistas perceberam que há uma falha na cadeia de crescimento. Em uma escala menor, minúsculas cargas de eletricidade estática nos grãos de poeira fariam com que eles se atraíssem, enquanto a atração gravitacional mútua faria com que objetos em grande escala se unissem. Mas como é que objetos do tamanho de grandes pedras esféricas se fixam à medida que crescem de um estágio a outro? A solução para esses problemas pode estar em uma notável nova teoria chamada de acreção de seixos (ver boxe acima), que envolve grandes números de objetos pequenos que se aglutinam ao mesmo tempo.

A ideia condensada: os planetas crescem por meio da fusão de objetos pequenos

05 Migração planetária

Até recentemente, a maior parte dos astrônomos acreditava que os planetas do nosso sistema solar seguiam órbitas estáveis ao longo de sua história. Mas novos avanços nos modelos computacionais sugerem que os dias iniciais do sistema solar envolviam um vasto jogo de *pinball* planetário cujas consequências ainda podem ser vistas hoje.

Antes da descoberta dos primeiros exoplanetas em meados de 1990 (ver página 98), os astrônomos tendiam a acreditar que sistemas solares alienígenas podiam ser mais ou menos como o nosso, com planetas que seguiam órbitas quase circulares, estáveis, em torno de suas estrelas. Entretanto, do mesmo modo como as últimas duas décadas de pesquisas demonstraram que sistemas planetários são muito mais variados do que se pensava, avanços na simulação e modelagem baseados no modelo de acreção por colisão na formação do nosso sistema solar sugeriram que o material para formação de planetas teria diminuído em torno da órbita de Saturno. Então, de onde vieram Urano e Netuno? Num esforço para responder a essas e outras questões, em 2005 um grupo de astrônomos apresentou uma notável teoria nova, a de que as primeiras centenas de milhões de anos da vida do nosso sistema solar assistiu a mudanças radicais na distribuição dos planetas.

Mundos em movimento Teorias de planetas que mudam de órbitas têm passado por períodos de popularidade desde o século xix, embora fossem redondamente desdenhadas como bobagem pseudocientífica pelas autoridades astronômicas. De fato, as ideias de "estudiosos independentes" como Immanuel Velikovsky – que colocou planetas ricocheteando em torno do sistema solar em tempos relativamente recentes como uma explicação para muitos eventos mitológicos e históricos –, são facilmente abandonadas. Mas

linha do tempo

1950	1974	2005
Mundos em colisão, de Immanuel Velikovsky, tenta explicar eventos históricos por meio de uma teoria pseudocientífica de migração planetária	Tera, Papanastassiou e Wasserburg descobrem evidências do Intenso Bombardeio Tardio em amostras de rochas lunares das missões Apollo	O Modelo de Nice é lançado com a publicação de três artigos científicos na *Nature*

o chamado Modelo de Nice, batizado em homenagem à cidade francesa onde muitos dos que o desenvolveram trabalhavam no Observatório Côte d'Azur, é uma prospectiva muito diferente. O Modelo de Nice é um conjunto de propostas interligadas, baseadas em uma modelagem de computador das evoluções no sistema solar inicial com o objetivo de resolver alguns mistérios existentes há muito tempo. Em pouco mais de uma década, esse modelo abriu um campo de pesquisa novo e animador no negligenciado campo da dinâmica de sistemas solares.

O Modelo de Nice O modelo postula que pouco tempo depois de sua formação, o sistema solar exterior era muito diferente de seu estado atual. Todos os 4 planetas gigantes estavam muito mais próximos, com órbitas quase circulares dentro da atual órbita de Urano (cerca de 20 au do Sol). Além disso, Netuno, agora o planeta mais exterior, orbitava mais próximo do Sol do que Urano. Além dos planetas principais ficava um proto-Cinturão de Kuiper – um disco de objetos de gelo cujos maiores mundos tinham mais ou menos o tamanho dos planetas-anões de hoje, e que ficavam contidos dentro da atual órbita de Netuno.

Simulações em computadores indicam que um arranjo dos planetas gigantes desse tipo teria permanecido estável durante cerca de 500 milhões de anos, antes que uma série de contatos imediatos entre Urano e Netuno perturbasse suas órbitas e os puxasse para trajetos em

> **"Foi um evento muito violento, de vida curta, durando apenas algumas dezenas de milhões de anos."**
> **Hal Levison**

elipses alongadas. Essas órbitas excêntricas logo os levaram para mais perto dos planetas muito maiores, Júpiter e Saturno, cuja forte gravidade os arremessou para trajetos muito mais longos, embora ainda elípticos, em torno do Sol, e jogou Netuno para além de Urano pela primeira vez. Foi provavelmente durante esse evento, também, que Urano adquiriu seu notável atual eixo inclinado, que faz com que o planeta de gás gigante gire de lado, como uma bola rolando, em vez de um movimento de "pião" como os outros planetas.

Deslocamento do Cinturão de Kuiper As novas órbitas de Urano e Netuno, no entanto, os mandaram ao Cinturão de Kuiper, onde outros

2011
David Nesvorny propõe um quinto planeta gigante no sistema solar inicial como meio de resolver problemas com o Modelo de Nice

2011
Alguns dos pesquisadores originais do Modelo de Nice propõem a Grand Tack de Júpiter para explicar o tamanho pequeno de Marte

2016
O caçador de planetas Mike Brown alega ter encontrado evidências de um quinto grande planeta exilado nas órbitas de objetos do Cinturão de Kuiper

O Intenso Bombardeio Tardio

Graças à datação radiométrica de rochas lunares trazidas pelos astronautas da Apollo, muitos astrônomos acreditam que o sistema solar interior atravessou uma fase traumática há uns 3,9 bilhões de anos, durante a qual mundos como a Lua sofreram um intenso bombardeio de grandes planetesimais. Na Lua, as crateras deixadas por esses impactos foram mais tarde preenchidas com lava de erupções vulcânicas, criando os escuros "mares" lunares, uniformes, que dominam o lado próximo da Lua hoje.

Reconhecido pela primeira vez no final dos anos 1970, esse Intenso Bombardeio Tardio foi durante muito tempo considerado como sendo apenas uma fase de absorção no final da acreção planetária, mas evidências mais recentes sugerem que a fase principal da formação dos planetas acabou muito antes. Ao contrário, perturbações criadas quando os planetas gigantes mudaram de órbita no Modelo de Nice são agora a explicação preferida. Entretanto, alguns céticos sugeriram que o bombardeio nunca aconteceu na escala que alguns imaginam, discutindo, em vez disso, que todas as amostras fundidas pelo impacto coletadas pelos astronautas da Apollo, na verdade, se originaram de um único evento de impacto.

encontros com pequenos mundos gelados ajudaram a tornar circulares as órbitas dos gigantes de gelo mais distantes do Sol. Muitos dos mundos menores foram ejetados para mais longe, numa região conhecida como disco espalhado, enquanto outros foram mergulhados na direção do sistema solar interior, onde provocaram o evento cataclísmico conhecido como o Intenso Bombardeio Tardio (ver boxe acima).

O Modelo de Nice é intrigante não apenas por suas promessas de resolver mistérios como a inclinação de Urano, o local dos gigantes de gás e o Intenso Bombardeio Tardio, mas também por fornecer mecanismos para a captura dos asteroides troianos que compartilham uma órbita com Júpiter, Urano e Netuno. Mas o modelo não é perfeito: ele tem dificuldades em explicar como Júpiter acabou capturando sua atual grande família de luas, a influência gravitacional combinada de Júpiter e Saturno, quando eles passam por um período de ressonância orbital (com aproximações frequentes), e pode também ter causado problemas. De fato, algumas simulações mostram efeitos violentos, como a ejeção completa de Marte e a desestabilização de outros planetas – questões que são grandes o suficiente para que o modelo seja substancialmente refinado. Do mesmo modo, a frequência com que os encontros modelados entre Júpiter, Urano ou Netuno terminam com o mundo menor sendo chutado completamente para fora do sistema solar levou alguns astrônomos a discutir um sistema solar inicial contendo *três* gigantes de gelo.

Apesar desses problemas, o Modelo de Nice, ou algo semelhante, permanece como uma parte essencial das ideias atuais a respeito da história do nosso sistema solar. E outros astrônomos estão aplicando ideias semelhantes a outras questões. Por exemplo, por que Marte nunca cresceu até ficar do tamanho da Terra, e de onde vem a água abundante do nosso planeta? As respostas a essas duas questões podem estar na Grand Tak, um trajeto hipotético tomado por um recém-formado Júpiter no ambiente rico em gás da nebulosa solar inicial (ver página 21). De acordo com essa teoria, a interação com a nebulosa fez com que a órbita de Júpiter flutuasse primeiramente para dentro e depois para fora. No processo, a gravidade do planeta gigante teria perturbado (e roubado) grande parte do material de formação de planetas em torno da órbita de Marte, e posteriormente enriquecido o cinturão de asteroides exterior com corpos de gelo vindos de regiões mais de fora no sistema solar. Uma vez deslocados, eles poderiam ter chovido sobre a Terra, trazendo a água que faz com que o nosso planeta seja hoje habitável.

Há 4,5 bilhões de anos, os planetas gigantes eram contidos dentro da atual órbita de Saturno, rodeados por um grande proto-Cinturão de Kuiper.

Há 4,1 bilhões de anos a influência de Júpiter e Saturno chuta Netuno e Urano para órbitas elípticas que começam a perturbar o proto-Cinturão de Kuiper.

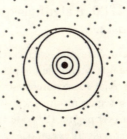

Há 4,1-3,8 bilhões de anos, Netuno e Urano alcançam a excentricidade máxima e mudam sua ordem a partir do Sol. Objetos do Cinturão de Kuiper são atirados em todas as direções, bombardeando o sistema solar interior.

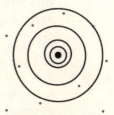

Há cerca de 3,5 bilhões de anos as órbitas de Urano e Netuno se tornaram mais ou menos circulares e o sistema solar chega à sua configuração atual.

A ideia condensada: os planetas nem sempre seguiram as mesmas órbitas

06 O nascimento da Lua

Se comparada à maior parte dos satélites do nosso sistema solar, a Lua da Terra é muito diferente. Seu tamanho enorme, equiparado ao nosso próprio planeta, sugere que ela deve ter tido uma origem muito incomum. Mas a verdade a respeito dessa origem só se tornou clara a partir dos anos 1980, e algumas questões ainda permanecem sem resposta.

A Lua da Terra é enorme – tem cerca de um quarto do diâmetro da Terra e é de longe o maior satélite de um planeta grande, se comparada com seu planeta genitor. Mas sua natureza estranha só se tornou clara aos poucos, nos séculos que se seguiram à invenção do telescópio. Teorias sobre as origens do sistema solar (ver página 18) poderiam perfeitamente explicar as famílias de luas de planetas gigantes como sobras de detritos que se aglutinaram em órbita (uma versão em menor escala do nascimento do próprio sistema solar), mas logo ficou claro que esse modelo de "coacúmulo" fracassou ao se tratar da Terra. Fora a questão básica de por que só a Terra tem material em excesso suficiente para fazer um satélite com muita massa, ficou claro que o momento angular do sistema combinado Terra-Lua é muito alto, comparado ao dos demais planetas terrestres, algo que não seria de se esperar caso a Lua tivesse sido formada a partir de um disco em rotação lenta.

Teorias iniciais   Na busca de respostas, os astrônomos do século XIX apresentaram duas teorias – captura e fissão. O modelo de captura sugere que a Lua foi formada em algum outro lugar no sistema solar e depois capturada pela Terra durante uma aproximação. Faltou explicar por que a densidade da Lua é significativamente mais baixa que a da Terra, no entanto, e exigiu um cenário de contato de aproximação altamente improvável. É muito mais difícil para um pequeno planeta do que para um planeta gigante

linha do tempo

1946	1969-72	1974
R. A. Daly sugere pela primeira vez um impacto gigantesco como origem da Lua	Pousos da Apollo tripulada voltam com 382 quilos de rochas lunares para análise na Terra	Hartmann e Davis modelam possíveis origens para um corpo impactante

capturar um satélite grande (e mesmo assim só sabemos de um satélite grande capturado no sistema solar exterior – a lua de gelo Tritão, de Netuno).

A hipótese de fissão, enquanto isso, foi apresentada pela primeira vez pelo astrônomo inglês George Darwin (filho de Charles). Darwin estudou as forças das marés entre a Terra e a Lua e mostrou que a órbita do nosso satélite está indo cerca de 4 centímetros por ano lentamente para fora numa espiral, enquanto a velocidade de rotação da Terra está aos poucos diminuindo. Darwin concluiu corretamente que a Terra e a Lua já estiveram muito mais próximas, e argumentou que elas se originaram como um único corpo em rápida rotação: o material que formou a Lua foi atirado do equador protuberante da Terra primordial antes de se aglutinar em órbita. Darwin chegou a alegar que a bacia do oceano Pacífico marcava a cicatriz ainda visível dessa separação violenta. A teoria gozou de várias décadas de popularidade no início do século XX, antes que estudos subsequentes das forças envolvidas concluíssem, por volta de 1930, que esse cenário era essencialmente impossível.

Nos anos 1970 novas evidências finalmente chegaram sob a forma de amostras de rochas trazidas pelas missões Apollo. Elas mostraram que as rochas lunares eram extremamente secas – não apenas a água está ausente nas camadas superiores da crosta, mas também estão ausentes os minerais hidratados encontrados na Terra. As rochas eram também severamente desprovidas de elementos voláteis (de baixo ponto de fusão) como potássio, chumbo e rubídio, se comparadas tanto com a Terra, quanto com modelos de nebulosa solar primordial local. Ao contrário, a Lua se mostrou mais rica em óxido de ferro do que o próprio manto terrestre, apesar de ter apenas um pequeno núcleo de ferro.

O grande impacto   Essas descobertas inspiraram um interesse renovado em relação a uma teoria negligenciada, apresentada pelo geólogo canadense Reginald Aldworth Daly ainda em 1946: a hipótese do grande impacto. Nessa versão modificada da teoria da fissão, grande parte do material para formar a Lua veio da Terra, ejetada, não por rotação rápida, mas por uma colisão interplanetária com um corpo do tamanho de um planeta.

William K. Hartmann e Donald R. Davis do Instituto de Ciência Planetária, em Tucson, Arizona, mostraram a plausibilidade de outros corpos se

1976
Cameron e Ward modelam a dinâmica do impacto de formação da Lua

1994
A missão Clementine da NASA revela inesperada sobrevivência de elementos voláteis na crosta lunar

2012
Evidência de extrema semelhança entre materiais da Terra e da Lua inspira novas teorias da origem

A modelagem de Theia

À medida que aumentaram as evidências de que a Lua foi formada por materiais essencialmente parecidos com os da Terra, as origens do planeta que provocou o impacto, Theia, se tornaram cada vez mais restritas. Como a taxa de isótopos elementares através da nebulosa solar era tão sensível à sua distância em relação ao Sol (ver página 20), é claro que Theia deve ter sido formado muito próximo, essencialmente a partir da mesma mistura de materiais. Entretanto, a própria gravidade da Terra poderia ter interrompido a formação de quaisquer objetos no espaço vizinho; então, de onde Theia teria vindo? Uma teoria é que Theia se formou nos pontos de Lagrange L4 ou L5 – pontos gravitacionais específicos na mesma órbita que a Terra, mas 60° à frente ou atrás do planeta grande, onde a influência da Terra era minimizada. Aqui, Theia pode ter crescido cerca de 10% da massa da Terra antes que sua órbita estável acabasse sendo interrompida e ela caísse numa rota de colisão inevitável. Isso poderia explicar a similaridade entre as matérias-primas nos dois mundos (embora alguns duvidem que até essa explicação seja suficiente). E mais, como os dois mundos estavam se movendo em órbitas muito semelhantes, a energia da colisão teria sido muito menor, talvez explicando a sobrevivência dos elementos voláteis remanescentes na Lua hoje.

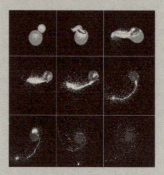

Uma simulação por computador mostra a formação de uma proto-Lua poucas horas depois da colisão entre um planeta do tamanho de Marte e uma jovem Terra com aproximadamente 90% de sua massa atual.

formarem próximo à Terra primordial, enquanto A. G. W. Cameron e William Ward, em Harvard, modelaram o próprio impacto, mostrando que ele provavelmente envolveu um corpo do tamanho de Marte atingindo a Terra pela tangente. Tal evento resultaria em grandes quantidades do impactante, junto com um substancial naco do manto da Terra, sendo derretidos e ejetados em órbita, mas a maior parte do núcleo de ferro do impactante seria absorvida pela Terra. O intenso calor do impacto explicaria a falta de água e outras substâncias voláteis na rocha lunar.

Perguntas importantes Os cientistas planetários aceitaram amplamente a hipótese do impacto gigante a partir dos anos 1980. Acha-se que a colisão ocorreu por volta de 4,45 bilhões de anos atrás, com a Lua aglutinando-se rapidamente em questão de horas após a colisão. O planeta impactante recebeu até um nome não oficial, Theia, em homenagem à mãe da deusa da Lua, Selene, na mitologia grega. Entretanto, ainda há perguntas significativas sem respostas. Um estudo mais minucioso das amostras de rochas lunares mostrou que elas não são assim tão desprovidas de substâncias voláteis como deveriam ser depois de uma colisão tão violenta. De fato, parece que as temperaturas não subiram acima de 950°C. Enquanto isso, a mistura de isótopos (átomos do mesmo elemento, mas com pesos diferentes, cuja abundância relativa é um indicador extremamente sensível da proveniência de matérias-primas na nebulosa solar) mostrou uma equiparação extremamente próxima à da Terra – tão próxima a ponto de sugerir que não houve qualquer contribuição de Theia.

> **"Theia estava completamente misturada tanto na Terra como na Lua, e igualmente dispersa entre elas."**
>
> **Edward Young**

Com o objetivo de abordar esses problemas, foram apresentadas diversas teorias, sendo talvez a mais radical a que envolve a Terra e a Lua *aglutinando-se* a partir de uma colisão inicial entre dois corpos muito maiores, cada um cerca de 5 vezes o tamanho de Marte. Enquanto isso, em 2016, uma equipe liderada por Edward Young, da Universidade da Califórnia, em Los Angeles, apresentou novas evidências, a partir de comparações químicas, de que Theia e a Terra colidiram de frente, numa colisão que misturou muito bem seus materiais. Parece claro que a origem da Lua – e talvez da própria Terra – foi mais confusa e mais complexa do que a simples hipótese do impacto gigantesco poderia sugerir.

A ideia condensada: nosso satélite nasceu de uma colisão interplanetária

07 Água em Marte

Uma série de descobertas transformou nosso conhecimento a respeito do famoso Planeta Vermelho, Marte. Durante muito tempo visto como um deserto frio e árido, agora parece claro que há água logo abaixo de sua superfície, não apenas como gelo abundante, mas também na forma líquida. E mais, é possível que a água acabe se tornando muito mais disseminada.

Astrônomos têm ficado fascinados pela possibilidade de água fluindo na superfície de Marte desde que o italiano Giovanni Schiaparelli relatou ter visto canais estreitos (*canali*) unindo as áreas mais escuras da superfície, em 1877. Mal interpretados como canais artificiais no mundo de língua inglesa, canais semelhantes foram relatados por muitos outros observadores e despertaram uma onda de especulação sobre a possibilidade de vida inteligente em Marte. Mesmo quando observações e experimentações melhoradas, no início dos anos 1900, mostraram que os canais não passavam de uma ilusão de ótica, a ideia de Marte como um mundo aquecido, com uma atmosfera razoavelmente densa e água superficial, persistiu por grande parte do século XX. Só em meados dos anos 1960, quando as sondas espaciais Mariner, da NASA, passaram pelo planeta é que a verdade foi revelada: a atmosfera esparsa de Marte parecia ter feito com que ele não fosse mais do que um mundo frio, parecido com a Lua, cheio de crateras e infindável poeira vermelha.

Um passado molhado – e o presente? Entretanto, depois da baixa no final dos anos 1960, missões sucessivas ao Planeta Vermelho o viram recuperar parte de seu glamour antigo, revelando um número cada vez maior de características parecidas com as da Terra. A *Mariner 9*, que chegou a Marte em novembro de 1971, iniciou essa tendência – embora tenha tido que esperar dois meses para que uma enorme tempestade de poeira que se abateu sobre o planeta inteiro se dissipasse, antes que pudesse começar seu primeiro mapeamento a partir de sua órbita. Mais famosa por identificar os enormes vulcões marcianos e o vasto cânion do Valles Marineris, revelou

linha do tempo

1877	1965	1972
Giovanni Schiaparelli erroneamente relata a existência de canais de água em Marte	A *Mariner* 4 torna-se a primeira nave espacial a passar por Marte, enviando imagens que sugerem um mundo árido, morto	A *Mariner* 9 descobre evidências de antigas enchentes e leitos de rios secos na superfície marciana

também grande parte da superfície marciana com um número muito menor de crateras e mostrou sinais de possível ação da água no passado distante. Entre esses estavam vales sinuosos, parecendo vales de rios na Terra, e *scablands* (planaltos rochosos, sem terra, cruzados por cursos de água secos) achatados, aparentemente criados durante enchentes catastróficas.

Parece que Marte realmente teve água em determinada época, mas e agora? Embora as *Viking* em órbita em meados dos anos 1970 tivessem amparado a evidência de um passado marciano com água, e suas companheiras pousadas na superfície encontrarem sinais de que as rochas superficiais tinham sido expostas à umidade, ou até mesmo ficado submersas, no passado distante, há pouca evidência de água sobrevivente até o presente, exceto, talvez, profundamente congelada nas calotas marcianas de gelo.

> **"Hoje há água líquida na superfície de Marte."**
> **Michael Mayer,** NASA, 2015

Essa imagem começou a mudar rapidamente a partir do final dos anos 1990. O *Mars Global Surveyor* – MGS (Pesquisador Global de Marte), um satélite em órbita capaz de fotografar o planeta em muito mais detalhes do que as *Viking*, detectou sinais de gelo no subsolo em latitudes mais baixas, longe das calotas polares, e em 2002, a sonda *Mars Odyssey* da NASA revelou evidência de enormes depósitos de gelo no solo de Marte. Tanto que em latitudes acima de 55° em cada hemisfério acha-se que 1 quilo de solo contém cerca de 500 gramas de água. Em 2008, a sonda *Phoenix* da NASA pousou próxima à calota polar norte e confirmou a presença de gelo no solo.

Mas será que hoje flui água na superfície de Marte? Parece pouco provável – ao mesmo tempo que a superfície de Marte pode alcançar temperaturas de até 20°C, elas se mantêm principalmente abaixo de zero, ao passo que uma atmosfera tênue de dióxido de carbono, exercendo apenas 1% de pressão atmosférica terrestre, faria com que qualquer água exposta se evaporasse rapidamente.

Sulcos misteriosos Uma descoberta importante do *Mars Global Surveyor* abriu o debate mais uma vez: fotografias de novos aspectos, parecidos com sulcos cavados por água nas encostas de um vale chamado Gorgonum Chaos, nas latitudes do centro-sul do planeta. Aparentemente originados de uma camada logo abaixo da superfície, muitos pensavam se não seriam

---

2002
A missão *Mars Odyssey* descobre enormes quantidades de água de gelo no solo por grande parte do hemisfério norte

2006
O *Mars Reconnaissance Orbiter* (MRO) encontra recentes características de sulcos que podem ter sido formados por processos relacionados à água

2015
MRO encontra minerais recentemente hidratados em linhas de encostas recorrentes, confirmando água líquida próxima da superfície

Ciclos marcianos de Milankovitch

No início dos anos 1920, o cientista sérvio Milutin Milankovitch apresentou uma proposta notável para ajudar na explicação dos ciclos climáticos de longo termo durante a mais recente Era Glacial da Terra. Ele sugeriu que a quantidade de luz solar que aquece o nosso planeta é alterada de forma lenta mas significativa à medida que diversos parâmetros orbitais da Terra variam ao longo do tempo, devido à influência de outros planetas. Agora, cientistas planetários estão começando a pensar se ciclos de Milankovitch semelhantes não poderiam ser responsáveis por mudanças de longo prazo no clima de Marte. As mudanças específicas em questão são:

- Uma variação de 124 mil anos na inclinação do planeta entre ângulos de 15° e 35°, afetando a intensidade das estações.

- Uma oscilação de 175 mil anos, ou "precessão" na direção do eixo inclinado do planeta, alterando o quanto cada hemisfério é afetado por mudanças sazonais.

- Ciclos de 100 mil e 2,2 milhões de anos na excentricidade da órbita de Marte, que vai de um círculo quase perfeito para uma elipse marcante, tendendo a exagerar ou abafar o efeito das estações.

Astrônomos que estudam as camadas anuais de gelo das calotas polares marcianas acham que encontraram sinais de variação que poderiam oferecer uma boa combinação com alguns desses ciclos.

---

sinais de água líquida minando de um aquífero enterrado e esculpindo um canal através da poeira da superfície, antes de evaporar. Características semelhantes na Terra eram trabalho de fluxo de água, mas vozes mais cuidadosas apresentaram outras causas potenciais, como a evaporação explosiva de gelo de dióxido de carbono exposto em uma camada subterrânea.

O mistério se intensificou em 2006, quando o recém-chegado *Mars Reconnaissance Orbiter* (MRO) da NASA descobriu sulcos em áreas que não tinham tais características nas imagens do MGS feitas poucos anos antes. Claramente, a formação de sulcos é um processo ativo e contínuo. Os novos sulcos foram formados em latitudes semelhantes ao Gorgonun Chaos, principalmente em encostas íngremes voltadas para o sul. Uma teoria é que a neve tende a se acumular em tais áreas (que recebem pouco sol no inverno) e os sulcos são o resultado de um desgelo de primavera. Provas definitivas de que os sulcos são formados por água permanecem imprecisas, mas focar nas latitudes médias em que eles estão concentrados rendeu resultados mais conclusivos. Em 2011, a NASA anunciou a descoberta de linhas de inclinação recorrentes (RSLs) em muitos dos mesmos locais – longas riscas escuras que descem as inclinações como paredes de crateras durante o verão marciano e desaparecem no inverno. Em contraste com os sulcos, as RSLs se concentram nas inclinações voltadas para o equador, que recebem a maior parte da luz do Sol durante o ano e são relativamente mais aquecidas, com temperaturas em torno de -23°C.

Embora inicialmente se pensasse que as RSLs fossem provocadas por água salobra (água com uma quantidade significativa de sal, que abaixa o ponto de fusão), elas não são simplesmente áreas úmidas no solo. Ao contrário, parecem ser áreas acidentadas que de algum modo se alisam e desaparecem durante a estação fria. Prova decisiva de que a água é realmente a causa foi encontrada em 2015, quando instrumentos a bordo do MRO confirmaram que o espalhamento das linhas é acompanhado pela formação de sais minerais hidratados. O novo consenso é de que as linhas são criadas por água salobra que escorre logo abaixo da superfície, desarranjando o solo solto em cima. Marte, ao que parece, não é o deserto seco que achamos previamente, e isso levanta questões intrigantes a respeito de vida marciana (ver página 50).

Aquecimento global?

Evidências recentes fornecidas por sondas espaciais sugerem que Marte poderia estar passando de condições frias e secas para outras mais quentes e úmidas bem debaixo do nosso nariz. Comparações entre temperaturas médias globais medidas pelos orbitadores *Viking* dos anos 1970 e as registradas em meados dos anos 2000 mostram um aumento de 0,5°C ao longo de três décadas, coincidindo com o encolhimento do gelo nas calotas polares (retratadas abaixo). Um fator importante é que esse aparente aquecimento global pode ser a liberação de enormes plumas de metano, descobertas em 2009 acima das áreas mais aquecidas do planeta, e que se acreditava estarem escapando de gelo subterrâneo em processo de derretimento. Embora de vida curta na atmosfera, o metano é um potente gás de efeito estufa e poderia agir para acelerar a taxa de aquecimento.

1999   2001

A ideia condensada: Marte pode ser um deserto, mas não é completamente seco

08 Gigantes de gás e gelo

É recente a descoberta feita pelos astrônomos de que há dois tipos de planetas gigantes no sistema solar exterior – os enormes gigantes de gás, Júpiter e Saturno, com baixa densidade; e os gigantes menores, Urano e Netuno, menos densos, de gelo. Mas como, exatamente, esses mundos se formaram, e por que os dois tipos são tão diferentes?

Até os anos 1990, as expressões "gigante de gás" e "planeta gigante" eram sinônimos. Supunha-se que os mundos maiores do sistema solar tinham todos uma estrutura semelhante, um núcleo sólido (talvez do tamanho da Terra) rodeado por uma atmosfera profunda, composta principalmente pelos elementos hidrogênio e hélio, de baixo peso. As cores distintas vistas nas atmosferas superiores dos planetas estavam ligadas a quantidades relativamente pequenas de outros compostos químicos, enquanto a mais ou menos 1.000 quilômetros abaixo da superfície visível, os elementos gasosos eram transformados por pressões crescentes em um oceano de hidrogênio líquido.

Descoberta dos gigantes de gelo A imagem começou a mudar quando pesquisadores analisaram dados das passagens da sonda espacial *Voyager* 2 por Urano e Netuno (em 1986 e 1989, respectivamente). Uma peça fundamental da evidência de uma grande diferença interna veio dos campos magnéticos exteriores dos planetas. Eles eram relativamente fracos, acentuadamente inclinados em relação aos eixos de rotação e deslocados de seus centros. Em total contraste, os campos em torno de Júpiter e Saturno eram muito mais potentes, centrados dentro de cada planeta e intimamente alinhados com seus polos de rotação.

O magnetismo de Júpiter e Saturno já poderia ser explicado por um efeito de dínamo, produzido por uma camada fortemente agitada de hidrogênio

linha do tempo

1665	1690	1781	1846
Giovanni Domenico Cassini faz a primeira observação da Grande Mancha Vermelha de Júpiter	Cassini mede rotações variadas de aspectos observados em Júpiter, revelando que ele não é um corpo sólido	William Herschel descobre Urano, o primeiro planeta novo no sistema solar	Johann Galle descobre Netuno, seguindo uma previsão de Urbain Le Verrier

metálico em forma líquida em torno do núcleo sólido de cada planeta. Sob temperatura e pressão extremas, as moléculas no gás liquefeito se partem e se separam criando um oceano de íons eletricamente carregados. O fato de isso não estar ocorrendo em Urano e Netuno sugere que o hidrogênio líquido simplesmente não está presente em grandes quantidades em grandes profundezas.

Ao contrário, os cientistas logo concluíram que os interiores dos gigantes externos eram provavelmente dominados, assim como uma parte tão grande do sistema solar exterior, por água e outros gelos químicos voláteis. Camadas externas ricas em hidrogênio dão lugar, alguns milhares de quilômetros abaixo, a uma manta de compostos relativamente pesados – predominantemente água, amônia e metano. Desse modo, embora hidrogênio e hélio respondam por mais de 90% da massa de Júpiter e Saturno, só contribuem com apenas 20% da massa de Urano e Netuno.

Apesar do nome, no entanto, seria um erro pensar nos gigantes de gelo como bolas congeladas de matéria sólida. Nesse caso, gelo é apenas uma abreviação para uma mistura de compostos voláteis – água, metano e amônia unidos, formando um oceano líquido violentamente agitado embaixo da atmosfera de hidrogênio exte-

> **"Não é de surpreender que química como essa aconteça dentro de planetas, só que a maior parte das pessoas não tratou das reações químicas que podem ocorrer."**
>
> **Laura Robin Benedetti**

ESTRUTURA DO GIGANTE DE GÁS
- Núcleo sólido
- Camada de hidrogênio metálico líquido
- Camada de hidrogênio molecular líquido
- Atmosfera rica em hidrogênio

ESTRUTURA DO GIGANTE DE GELO
- Núcleo sólido
- Manta de substâncias químicas sob a forma de gelo lamacento
- Atmosfera profunda comprimida em hidrogênio líquido
- Atmosfera superior rica em hidrogênio

1952
O autor de ficção científica James Blish cunha a expressão "gigante gasoso"

1972
A NASA lança as primeiras sondas espaciais *Pioneer* para Júpiter e Saturno

1986-89
O *Voyager* 2 passa por Urano e Netuno, encontrando evidências de que eles têm uma composição com mais gelo do que os gigantes mais interiores

2014
Lambrechts, Johansen e Morbidelli apresentam um modelo de acúmulo de seixos para explicar a formação dos planetas gigantes

rior. Acredita-se que correntes elétricas fracas nessa zona de revestimento são responsáveis pelo curioso magnetismo do planeta.

Origens gigantescas A questão de como esses estranhos mundos intermediários se formaram, no entanto, é um enigma para os cientistas planetários. O tradicional modelo de acreção para a formação de planetas (ver página 18) tem dificuldades em explicar qualquer coisa formada tão longe, no sistema solar (as órbitas de Urano a cerca de 19 AU do Sol, Netuno a cerca de 30 AU). Um problema é que os planetesimais (o passo intermediário, de tamanho médio, na formação do planeta), ao orbitarem tão longe do Sol, só precisariam de um pequeno chute gravitacional para serem completamente ejetados para fora do sistema solar. De fato, graças à gravidade de Júpiter e Saturno, em órbitas mais próximas ao centro, eles teriam uma probabilidade muito maior de receber esse chute do que de colidir e acrescer em grandes números.

Uma solução possível baseia-se na assim chamada instabilidade de disco, um modelo no qual os planetas gigantes não crescem pelo acúmulo, mas ao contrário, colapsam muito repentinamente por causa de redemoinhos de grande escala na nebulosa solar. Desse jeito, argumentam os proponentes do modelo, um planeta poderia se aglutinar em parcos mil anos. A alternativa é que os gigantes todos se formaram em condições menos perigosas, mais próximos ao Sol, mas Urano e Netuno mais tarde passaram por um período de mudança orbital que fez com que fossem desviados para suas órbitas atuais (a base do Modelo de Nice de migração planetária – ver página 22). Nessa situação, novos modelos mostram que seus núcleos poderiam ter sido formados bem rapidamente por meio da acreção de seixos (ver página 21), fazendo com que adquirissem gravidade suficiente para atrair gás de seus arredores durante os 10 milhões de anos, mais ou menos, antes de serem completamente assoprados pela radiação vinda do Sol em processo de aumento de brilho.

Nenhum modelo, no entanto, oferece uma boa explicação para os motivos pelos quais os gigantes de gás e de gelo tinham de ser tão diferentes. Foram sugeridos diversos mecanismos: por exemplo, o modelo da instabilidade de disco afirma que os planetas gigantes todos começaram a vida muito maiores, antes de perderem a maior parte de seus envelopes atmosféricos sob o ataque de radiação ultravioleta feroz vinda de outras estrelas nas imediações (um processo chamado de fotoevaporação que tem sido visto em torno das estrelas recém-nascidas atuais – ver página 88). Quanto mais maciços Júpiter e Saturno fossem, mais capazes seriam de suportar essa prova, e portanto reter mais hidrogênio, enquanto que Urano e Netuno foram desnudados da maior parte dessa atmosfera.

Trabalhos recentes sobre acreção de seixos fornecem outra possibilidade, na qual uma pequena variação inicial entre os núcleos de planetas em crescimento cria uma grande diferença entre os eventuais planetas. Esse modelo de "massa inicial" sugere que o crescimento rápido dos núcleos planetários a partir de sei-

Chuvas de diamantes?

Uma das teorias mais notáveis que emergiram de estudos recentes sobre a estrutura de gigantes de gás e de gelo é que os dois tipos de planeta podem criar chuvas de carbono cristalino (diamantes), dentro de suas profundezas. Em 1999, uma equipe de pesquisadores da Universidade da Califórnia, em Berkeley, comprimiu metano líquido, encontrado em grandes quantidades dentro tanto de Urano quanto de Netuno, a mais de 100 mil vezes a pressão atmosférica terrestre enquanto ao mesmo tempo o aqueciam a cerca de 2.500°C. O resultado foi uma poeira de partículas microscópicas de diamantes suspensas em uma mistura de hidrocarbonetos químicos oleosos. Como as condições dentro dos gigantes de gelo não se aquecem o suficiente para fundir diamantes, quaisquer partículas produzidas seriam lentamente peneiradas pelas camadas internas líquidas dos planetas para se depositarem em seu núcleo sólido.

Em 2013, cientistas do Laboratório de Propulsão a Jato da NASA calcularam que poderia haver acontecimento ainda mais impressionante nas atmosferas dos gigantes de gás maiores. Aqui, poderosos raios poderiam fazer com que o metano se desintegrasse em fuligem de carbono no alto da atmosfera e, à medida que a fuligem fosse caindo, aos poucos ela poderia ser comprimida para formar diamantes do tamanho da ponta de um dedo. Ao contrário dos gigantes de gelo, no entanto, esses diamantes não sobreviveriam à descida através do planeta. Abaixo de profundidades de cerca de 30 mil quilômetros, as temperaturas ficam tão extremas que eles derreteriam, talvez até formando uma camada de carbono líquido com *diamond bergs* (*icebergs* de diamante) de gelo flutuando nela.

xos na escala de centímetros gera calor que não deixa o gás desabar para dentro do núcleo. Se ele alcançar determinada massa, no entanto, a gravidade do núcleo esculpe uma falha no disco de seixos em órbita, cortando seu próprio suprimento de alimentação. À medida que o núcleo agora começa a esfriar, ele rapidamente acumula gás de seus arredores, crescendo até formar um gigante de gás. Os gigantes de gelo, enquanto isso, são planetas cujos núcleos, formados só ligeiramente mais adiante na nebulosa, nunca atingiram o limiar, ou o atingiram tarde demais para se agarrar muito à grande parte do hidrogênio em rápido desaparecimento do sistema solar bebê. Eles, portanto, retêm uma composição que deve muito aos seixos de gelo originais da nebulosa solar exterior.

A ideia condensada: planetas gigantes de gás e de gelo têm composições muito diferentes

09 Luas oceânicas

Cada um dos planetas gigantes no sistema solar exterior tem em órbita uma grande família de satélites de gelo, muitos deles formados ao mesmo tempo e com o mesmo material que os próprios planetas. Mas há evidências crescentes de que diversas dessas luas não são tão congeladas como parecem ser à primeira vista.

As luas maiores no sistema solar exterior foram descobertas logo depois da invenção do telescópio, no início do século XVII – os 4 grandes satélites em torno de Júpiter em 1610 e a lua gigante de Saturno, Titã, em 1655. Desde então, muitas outras luas foram encontradas em torno desses dois planetas, e Urano e Netuno também provaram ter suas próprias famílias de satélites. Mas a natureza dessas luas permaneceu desconhecida até meados do século XX, quando a espectroscopia (ver página 62), usando telescópios avançados com base no solo, encontrou evidências de grandes quantidades de gelo de água em muitas de suas superfícies. Como regra geral, o conteúdo rochoso de uma lua diminui com a distância do Sol, mas o gelo é um componente importante em quase todos os principais satélites. Isso é de se esperar, já que todos esses mundos nasceram além da linha de neve no sistema solar inicial, em uma região em que o gelo dominava as matérias-primas de formação de planetas.

Teorias iniciais Em 1971, poucos anos antes de as primeiras sondas espaciais chegarem a Júpiter, o cientista planetário dos Estados Unidos, John S. Lewis, publicou a primeira análise detalhada do que poderiam esperar encontrar entre as luas jovianas. Ele argumentou que a lenta decadência de materiais, como o urânio radioativo, dentro do componente rochoso dessas luas poderia gerar quantidades significativas de calor – talvez o suficiente para fundir o material gelado em torno de um núcleo rochoso e criar um oceano global coberto por uma crosta congelada. A ideia começou a ganhar popularidade quando imagens vindas dos *Pioneers* 10 e 11 confirmaram que as 3 grandes luas exteriores de Júpiter – Europa, Ganímedes e Calisto – compartilhavam uma aparência gelada geral (embora houvesse diferenças

linha do tempo

1971	1979	1979
Lewis argumenta que algumas luas podem ser aquecidas o suficiente por decaimento radioativo mantendo oceanos líquidos sob uma crosta de gelo	Peale propõe aquecimento por marés como um mecanismo que pode acionar atividade geológica nas luas maiores de Júpiter	A *Voyager* 1 descobre atividade vulcânica em Io e uma crosta gelada em Europa

notáveis). Entretanto, a lua mais interna, Io, parecia completamente diferente, sem qualquer sinal de água em sua composição. Io apresentou um problema evidente e foram apontadas diversas explicações para sua impressionante diferença durante os anos 1970.

Então, em 1979, poucos dias antes da passagem da sonda *Voyager* 1 por Júpiter – que fora planejada para incluir passagens muito mais próximas das luas jovianas – apareceu uma nova explicação ousada para as diferenças. Stanton J. Peale, da Universidade da Califórnia, em Santa Barbara, argumentou com dois colegas baseados na NASA que a forte gravidade de Júpiter exerce um efeito de aquecimento por marés sobre seus satélites mais internos. Embora suas órbitas sejam quase circulares, ligeiras diferenças nas distâncias fazem com que o formato das luas interiores (notavelmente Io e Europa) se curve com cada órbita. Isso gera atrito dentro de suas rochas e as aquece muito mais do que só o decaimento radioativo poderia fazer.

Mais importante, Peale sugeriu que Io deveria mostrar sinais de atividade vulcânica em sua superfície, uma previsão que nasceu quando o *Voyager* 1 enviou fotos de fluxos de lava e uma enorme pluma de compostos de enxofre derretidos em erupção no espaço acima da Lua. Parecia claro que qualquer água que Io pudesse alguma vez ter contido já tinha evaporado há muito tempo.

> **"Não é de surpreender que química como essa aconteça dentro de planetas, só que a maior parte das pessoas não tratou das reações químicas que podem ocorrer."**
>
> Arthur C. Clarke, 2010: Uma odisseia no espaço II

Água em Júpiter A descoberta de forte aquecimento por marés revolucionou ideias acerca dos ambientes no sistema solar exterior, com implicações significativas para a Europa. Imagens da *Voyager* confirmaram a presença de uma grossa crosta de gelo, mas mostraram também que a superfície estava claramente sendo renovada e rearranjada em uma curta escala de tempo (em termos geológicos). A crosta de Europa, manchada com impurezas aparentemente borbulhando de baixo, parecia mais como um pacote de gelo comprimido do que com uma concha glacial lisa. A melhor explicação para essas características é que erupções vulcânicas abaixo da crosta liberam calor, criando um oceano global de água líquida, sobre o qual a crosta sólida lentamente muda e se agita.

1995-2003
Medidas da sonda *Galileu* revelam camadas de água líquida em Ganímedes, Europa e Calisto

2005
A sonda *Cassini* descobre uma vasta pluma de água emergindo de Encélado

2013
O Telescópio Espacial Hubble detecta vapor de água sobre o polo sul de Europa

Uma das características fundamentais do modelo de aquecimento por marés, no entanto, é que seu efeito diminui rapidamente com a distância do planeta genitor, de modo que pareceu pouco provável que afetasse Ganímedes ou Calisto, mais distantes. De fato, imagens da *Voyager* sugeriram que Ganímedes pode ter passado por uma fase igual a Europa em sua história inicial, antes de congelar até ficar sólida, enquanto o interior de Calisto provavelmente nunca se derreteu totalmente. Foi, portanto, uma surpresa quando a missão Galileu a Júpiter encontrou evidência magnética de oceanos abaixo da superfície nas duas luas (ver boxe abaixo).

Descobertas ainda mais assombrosas esperavam a nave espacial *Cassini*, quando ela entrou na órbita em torno de Saturno em 2004. Um dos principais alvos da missão era a lua gigante de Saturno, Titã, um mundo congelado no qual o metano parece desempenhar um papel semelhante ao da água na Terra. Mesmo assim, a Lua pode esconder um manto enterrado de água e amônia líquidas bem abaixo de sua superfície (ver boxe na página 41).

As plumas de Encélado O inesperado destaque da missão *Cassini*, no entanto, acabou sendo a pequena lua, Encélado. Com um diâmetro de apenas 504 quilômetros, esse satélite tem uma das superfícies mais brilhantes no sistema solar, e um punhado de fotos das sondas *Voyager* deram a aparência de uma paisagem coberta por neve fresca. Mesmo assim foi uma surpresa quando, durante uma das primeiras passagens, a *Cassini* voou direto através de uma grande pluma de cristais de gelo de água em erupção perto do polo sul da lua. Parte do conteúdo da pluma escapou para o espaço formando um leve anel exterior em torno de Saturno, mas a maior parte caiu de volta para o próprio Encélado.

Já foram atualmente identificadas mais de 100 plumas individuais, a maior parte em erupção ao longo de características parecidas com cordilheiras, conhecidas como listras de tigre. Essas são áreas fracas da crosta, nas quais as rachaduras

Evidência magnética

Fora procurar atividade superficial ou traços de água da história geológica, os cientistas planetários podem buscar diretamente oceanos subterrâneos pelo estudo dos campos magnéticos das diversas luas. Se um satélite tem uma camada de material móvel, eletricamente condutivo abaixo de sua superfície, então, à medida que ele se movimenta através do campo magnético de seu planeta genitor, movimentos chamados de correntes de Foucault são gerados na camada condutiva. As correntes, por sua vez, criam um campo magnético induzido distinto em torno da lua, que pode ser detectado por magnetômetros carregados por sondas espaciais de passagem. O campo induzido é bastante distinto de qualquer campo magnético intrínseco, como os devidos a um núcleo de ferro, e sua forma e intensidade podem revelar a profundidade e as propriedades elétricas da camada condutiva. Foram encontrados campos induzidos, não apenas em torno de Europa e Encélado, mas também em torno dos maiores satélites de Júpiter, Ganímedes e Calisto, e da grande lua de Saturno, Titã, tudo isso indicando oceanos salgados, altamente condutivos a diversas profundidades.

> ## Criovulcanismo
>
> Encélado e Europa podem ser os únicos mundos com aquecimento de marés suficiente para fundir água pura, mas muitas das outras luas oceânicas no sistema solar exterior podem dever seus ambientes líquidos à presença de outras substâncias químicas. É um fato conhecido que o sal nos oceanos da Terra abaixa o grau de congelamento para cerca de -2°C e há boa evidência de que muitos oceanos subterrâneos extraterrestres são tão salgados quanto os da Terra. Entretanto, a presença de amônia tem um efeito ainda mais dramático, abaixando o ponto de congelamento em 10 graus – o suficiente para que a água permaneça líquida mesmo com aquecimento mais fraco de marés e para se vaporizar num tipo de gêiser – como as plumas vistas em Encélado. E mais, como a mistura de água e amônia permanece lamacenta durante uma gama muito mais ampla de temperaturas, os cientistas planetários acham que ela pode ter desempenhado um papel semelhante ao do magma vulcânico na Terra, liberado por erupção de fissuras e dando nova superfície a áreas de muitas luas. Em mundos como Titã, Plutão e o satélite de Saturno, Titã, esse "criovulcanismo" gelado pode ainda estar acontecendo hoje.

permitem que a água salgada líquida embaixo ferva para o espaço. Mais uma vez, o aquecimento por força de marés parece ser a causa; nesse caso, o calor é gerado porque a órbita de Encélado é impedida de se tornar perfeitamente circular pela atração da lua próxima, Dione. Em contraste com as condições de Europa, as condições nessa lua parecem permitir água notavelmente próxima à superfície, fazendo com que Encélado seja um dos locais no nosso sistema solar mais promissor para se procurar vida.

A ideia condensada: diversas luas no sistema solar exterior escondem oceanos profundos

10 Planetas-anões

Apenas recentemente reconhecidos como uma classe distinta de objetos, os planetas-anões do nosso sistema solar mostram-se alguns dos mais estimulantes e surpreendentes novos territórios para a exploração planetária. Dois em particular – Ceres e Plutão – foram visitados por sondas espaciais.

Na época em que a União Astronômica Internacional tomou sua decisão histórica de reclassificar os planetas, em 2006 (ver boxe na página 43), o título recém-cunhado de planeta-anão só foi concedido a 5 objetos: Ceres (o membro maior do cinturão de asteroides) e 4 Objetos do Cinturão de Kuiper – Plutão, Haumea, Makemake e Éris (em ordem crescente de distância do Sol). Esperanças de que outro asteroide, Vesta, com 525 quilômetros pudesse se enquadrar nos mesmos critérios foram eliminadas quando medidas feitas pela espaçonave *Dawn* sugeriram que ele não tem gravidade suficiente para se transformar numa esfera (mesmo descontando a enorme cratera de impacto em seu polo sul). Haumea, Makemake e Éris orbitam nas profundezas do Cinturão de Kuiper, tão longe que os telescópios só conseguem revelar alguns fatos básicos a respeito deles. Por sorte, no entanto, os outros dois planetas-anões foram agora visitados por sondas.

O maior asteroide Ceres foi o primeiro asteroide a ser descoberto, ainda em 1801, pelo astrônomo italiano Giuseppe Piazzi. Em órbita entre 2,6 e 3,0 au do Sol, ele fica aproximadamente entre Marte e Júpiter no meio do cinturão de asteroides, e observações espectroscópicas feitas por telescópios baseados na Terra no século xx sugeriram que a composição de sua superfície é semelhante à de asteroides menores, tipo c. Esses objetos rochosos são ricos em minerais carbonados e acredita-se que representam material essencialmente inalterado desde os dias iniciais do sistema solar.

Entretanto, observações recentes revelam um lado de Ceres mais complexo. Imagens feitas pelo Telescópio Espacial Hubble e pelo Telescópio Keck mostraram manchas escuras na superfície – acreditava-se corresponderem a

linha do tempo

1801	1930	2005
Giuseppe Piazzi descobre Ceres, o primeiro asteroide e o planeta anão mais recôndito	Clyde Tombaugh descobre Plutão – o primeiro Objeto do Cinturão de Kuiper	Astrônomos descobrem Éris, um objeto de tamanho parecido com Plutão, em órbita no disco disperso

Definição dos planetas-anões

Quando Plutão foi descoberto em 1930, ele foi naturalmente designado como o nono planeta do sistema solar. Mas logo surgiram dúvidas a respeito de seu *status*, e astrônomos começaram a suspeitar de que era apenas o primeiro em um hipotético cinturão de objetos além de Netuno. Mesmo depois da descoberta dos Objetos do Cinturão de Kuiper nos anos 1990, Plutão se agarrou a seu *status* planetário – até a descoberta por um objeto designado como 2003 UB313, em janeiro de 2005. Esse objeto, apelidado de Xena e mais tarde oficialmente batizado de Éris, tinha um diâmetro estimado de cerca de 200 quilômetros a mais do que Plutão, e foi promovido por seus descobridores a décimo planeta no sistema solar.

Entretanto, a União Astronômica Internacional, responsável pela nomenclatura astronômica oficial, tinha outras ideias. Frente à possibilidade de muitos mundos semelhantes estarem à espreita no sistema solar exterior, eles nomearam um painel de astrônomos para apresentar uma definição oficial de planeta. Desde agosto de 2006, portanto, um planeta tem sido definido como um mundo em uma órbita independente em torno do Sol, com gravidade suficiente para se estabelecer num formato de esfera e, além disso, liberar substancialmente sua órbita de corpos menores. A nova categoria de planeta-anão se aplica a objetos que preenchem os dois primeiros critérios, mas não o último.

crateras de impacto – e uma região surpreendentemente brilhante cuja natureza se tornaria um mistério persistente. Em 2014, com a missão Dawn já em curso entre Vesta e Ceres, astrônomos, usando o infravermelho do Observatório Espacial Herschel, descobriram que uma fina atmosfera de vapor de água estava sendo reposta por alguma forma de emissão da superfície – provavelmente a sublimação de gelo congelado da superfície diretamente para gás. Quando a missão *Dawn* se aproximou de Ceres no começo de 2015, revelou o maior asteroide em detalhes sem precedentes. Sua superfície mostrou-se relativamente lisa, apresentando um número de crateras em baixo-relevo. Isso sugere que Ceres tem uma crosta macia, rica em gelo de água, que se "cede" ao longo do tempo para aplainar características superficiais elevadas ou em depressão.

Dawn descobriu também numerosas manchas brilhantes dentro de algumas crateras, uma das quais parece estar associada a uma névoa intermitente que aparece acima dela. Análises químicas das manchas nos meses após a

2006
A União Astronômica Internacional introduz uma definição de planetas anões que engloba Ceres, Plutão e Éris

2015
A nave espacial *Dawn* entra na órbita de Ceres, mandando imagens em *close* pela primeira vez

2015
A missão Novos Horizontes passa por Plutão a alta velocidade, enviando uma grande quantidade de dados

> ### As luas de Plutão
>
> Considerando-se seu tamanho pequeno, Plutão tem um sistema de luas notavelmente complexo. A maior, Caronte, tem apenas um pouco mais da metade do diâmetro do próprio Plutão, e orbita seu planeta em apenas 6,4 dias. Forças de marés garantem que cada mundo mantenha a mesma face permanentemente voltada para o outro. Quatro corpos menores, batizados de Styx, Nix, Cérbero e Hidra, orbitam ligeiramente além de Caronte.
>
>
>
> Esquerda para a direita: Plutão com suas luas Caronte, Nix e Hidra, como vistas pelo Telescópio Espacial Hubble.

chegada de Dawn sugeriram que elas podem ser algum tipo de depósito de sais, mas ainda não se sabe como eles se acumulam – uma teoria é que poderiam ter sido depositados por salmoura minando para a superfície a partir de uma camada de água líquida subterrânea.

Planeta rebaixado Embora *Dawn* conseguisse entrar na órbita em torno de Ceres e estudá-lo durante vários meses, a missão *Novos Horizontes* ao planeta-anão mais distante, Plutão, ficou limitada a uma espetacular passagem em alta velocidade, em julho de 2015. Dada a grande distância de Plutão, o único modo factível de alcançá-lo em um espaço de tempo razoável (pouco menos de uma década) era lançar uma missão leve, de alta velocidade, numa viagem sem volta. Havia uma pressão especial para se alcançar Plutão depressa, enquanto permanecia perto da beirada interior de sua órbita elíptica de 248 anos – especialistas suspeitavam que ele pudesse desenvolver uma tênue atmosfera enquanto estava mais próximo ao Sol, que iria se congelar rapidamente na superfície à medida que ele retrocedesse da vizinhança da órbita de Netuno para as profundezas do Cinturão de Kuiper (ver página 46).

Estudos espectroscópicos nos anos 1990 já tinham mostrado que a superfície de Plutão é dominada por hidrogênio congelado a temperaturas por volta de -229°C com traços de metano e monóxido de carbono. A presença de uma atmosfera foi provada ainda em 1985 (detectada por meio de mudanças minúsculas na luz de estrelas distantes antes que passassem atrás do próprio Plutão), mas a pressão atmosférica é pouco mais do que um milionésimo da pressão na Terra. Não surpreende, dado que a atmosfera é formada por gelo superficial sublimado, que ela seja também dominada por nitrogênio.

Tentativas iniciais de mapear Plutão nos anos 1990 e 2000 usaram o Telescópio Espacial Hubble para monitorar uma série de eclipses mútuos entre Plutão e sua lua gigante, Caronte. Era impossível resolver diretamente características da superfície, mas as variações em brilho e cor provocadas quando cada mundo bloqueava parte da luz do outro revelaram fortes contrastes no brilho e no matiz da superfície. Em particular, grandes manchas vermelho-escuras que se pensavam ser causadas por tolinas – moléculas complexas de hidrocarbonetos formadas por metano na atmosfera fina que se deposita de volta na superfície.

A grande surpresa do contato da Novos Horizontes foi a variedade de terrenos em Plutão – não apenas em cor, mas também em sua geologia geral. Enquanto Ceres é razoavelmente uniforme na aparência, Plutão tem diferenças marcantes que indicam um passado geológico turbulento e talvez um presente ativo. Uma área brilhante, com formato de coração, chamada de Tombaugh Regio (apelidada de Coração de Plutão), tem uma superfície lisa com muito poucas crateras, sendo, portanto, considerada relativamente jovem (talvez com 100 milhões de anos). Parece estar coberta por diversos quilômetros de gelo de nitrogênio e mostra características que são inequivocamente a ação de geleiras. A mais escura Cthulhu Regio, em contraste marcante, é acidentada e com muitas crateras, além de marcar uma das manchas de tolina identificadas nas imagens do Hubble.

> **"Este mundo está vivo. Tem condições meteorológicas, tem neblinas na atmosfera, geologia ativa."**
>
> **Alan Stern,** principal pesquisador da *Novos Horizontes*

Em outros lugares foram encontrados traços de possíveis erupções de gás, semelhantes aos gêiseres ao longo de um par de montanhas especialmente altas (*c*.5 quilômetros) que devem ser formadas em grande parte por gelo de água. Covas centrais profundas, ou calderas, sugerem que esses picos, Wright Mons e Piccard Mons, são criovulcões (ver página 41). Se for confirmado, eles serão de longe os maiores exemplos descobertos até agora no sistema solar exterior.

A ideia condensada: os pequenos mundos do sistema solar podem ser surpreendentemente complexos

11 Asteroides e cometas

Grosso modo, os corpos menores que orbitam entre os planetas podem ser divididos pela composição em asteroides rochosos e cometas de gelo, embora a distinção não seja um tão sem clara. Ou então podem ser classificados por suas regiões orbitais. Isso define grupos de asteroides, centauros de gelo, cometas de períodos longos e curtos, além do Cinturão de Kuiper e do disco disperso.

Depois da formação do sistema solar, há uns 4,6 bilhões de anos, quantidades substanciais de material foram deixadas em órbita, entre e além dos planetas principais. A influência gravitacional de Júpiter impôs uma parada repentina ao crescimento de Marte e drenou material de formação de planetas das regiões próximas à sua órbita (ver página 25). Com isso sobrou apenas um parco anel de detritos rochosos que formaram o atual cinturão de asteroides.

Em contraste, além da linha de neve onde o gelo consegue persistir contra a radiação solar, números enormes de pequenos cometas de gelo se aglutinaram em órbitas que percorriam entre os planetas gigantes. Os encontros eram contínuos, alterando as órbitas dos planetas um pouco a cada vez, mas mostrando-se muito mais traumáticos para os corpos menores. Cometas eram frequentemente atirados na direção do Sol, ou ejetados para órbitas longas, lentas, de até um ano-luz de distância. Trilhões de cometas ainda hoje permanecem nessa região, formando a Nuvem de Oort no limite mais distante da influência gravitacional do Sol.

Finalmente, quando Urano e Netuno mudaram para sua configuração atual, há cerca de 4 bilhões de anos, romperam muitos dos mundos anões de gelo de tamanho moderado que haviam se formado em torno da beirada

linha do tempo

1705	1801	1866	1866
Edmond Halley prevê a órbita de 76 anos do cometa que traz seu nome	Piazzi descobre o primeiro e maior asteroide, Ceres	Kirkwood identifica falhas no cinturão de asteroides, confirmando que as órbitas dos asteroides podem evoluir com o tempo	Schiaparelli liga chuvas de meteoros às órbitas dos cometas

do sistema solar. Os membros mais distantes desse proto-Cinturão de Kuiper se mantiveram imperturbados e formam o que hoje é chamado de "clássico" Cinturão de Kuiper, mas seus primos na direção do Sol foram em sua maior parte ejetados em órbitas acentuadamente inclinadas e altamente elípticas, formando o disco disperso.

Asteroides em evolução Como o cinturão de asteroides é, dessas regiões, a mais próxima da Terra, ele é também o único grande reservatório de corpos pequenos a ser descoberto por acaso. Depois da descoberta de Urano em 1781, muitos astrônomos passaram a acreditar em um padrão numérico chamado Lei de Bode, que parecia prever as órbitas de planetas, mas também um mundo "desaparecido" entre Marte e Júpiter. Em 1801, o astrônomo italiano Giuseppe Piazzi descobriu o maior e mais brilhante asteroide, Ceres, orbitando nessa região, e logo se seguiram muitos mais.

> **"Como seu movimento é tão lento e bastante uniforme, ocorreu-me várias vezes que [Ceres] pode ser algo melhor do que um cometa."**
> **Giuseppe Piazzi**

Em 1866 já se conheciam asteroides suficientes para que o astrônomo norte-americano Daniel Kirkwood identificasse um número de falhas no cinturão de asteroides. Essas regiões vazias ocorrem porque as órbitas de quaisquer asteroides dentro delas faziam com que as rochas espaciais entrassem em repetidos encontros com Júpiter. Asteroides que caem ao acaso em tais órbitas ressonantes são logo chutados para fora, para trajetórias mais elípticas. Em 1898, o primeiro refugiado dessas regiões, um chamado Asteroide Próximo da Terra catalogado como 433 Eros, foi descoberto pelo astrônomo alemão Gustav Witt. Atualmente são conhecidas diversas classes desses objetos, e a relação deles com a órbita da Terra é monitorada de perto, como uma ameaça potencial.

Cometas com períodos longos e curtos Interações gravitacionais semelhantes com os planetas gigantes também ajudam a vigiar os corpos de gelo no sistema solar exterior. Cometas que caem na direção do Sol durante as partes internas relativamente breves de suas longas órbitas podem ter seus trajetos radicalmente encurtados por um encontro com um planeta gigante (particularmente Júpiter), deixando-os com uma órbita medida em décadas

1898	**1930**	**1932**	**1992**
Gustav Witt descobre Eros, o primeiro Asteroide Próximo da Terra	Kenneth Edgeworth e outros sugerem que há um anel de pequenos corpos em órbita logo além de Netuno	Öpik sugere a existência de uma nuvem de cometas rodeando o sistema solar a uma grande distância	O Telescópio Espacial Hubble descobre o primeiro Objeto do Cinturão de Kuiper que não é Plutão

Amostras dos primórdios do sistema solar

Os asteroides são importantes para nossa compreensão do sistema solar porque retêm fragmentos de sobras de materiais deixados depois de seu nascimento. Com base em estudos espectrais de sua luz, visões em *close* de encontros com sondas espaciais e estudos de meteoritos (fragmentos de asteroides que caem na Terra), eles são divididos em diversos grupos gerais:

- Os asteroides carbonáceos de grupo-c têm superfícies escuras e são considerados ricos em matérias-primas inalteradas.

- Os corpos com silicatos ou rochosos do grupo-s mostram superfícies que foram alteradas quimicamente por temperaturas mais altas e processos geológicos.

- O grupo-x consiste de objetos metálicos (principalmente ferro e níquel).

Os grupos s e x provavelmente se originaram em corpos relativamente grandes que se aqueceram durante a formação e cujos interiores, portanto, separaram-se de acordo com a densidade. Esses objetos depois se quebraram em colisões que espalharam seus fragmentos pelo cinturão de asteroides (o cinturão ocupa um volume vasto no espaço, mas contém dezenas de milhões de objetos, de modo que as colisões são frequentes, em uma escala astronômica). Várias famílias de asteroides, unidas por semelhanças na composição ou órbita, podem traçar suas origens de volta a esses eventos.

ou séculos, em vez de milhares de anos, e um afélio (ponto mais afastado do Sol) em algum lugar do Cinturão de Kuiper. Esses cometas de período curto tornam-se visitantes frequentes e previsíveis no sistema solar interior.

A proximidade com o Sol encurta dramaticamente a expectativa de vida de um cometa – cada passagem em torno do Sol queima mais uma porção de sua limitada superfície de gelo e arrisca um encontro com Júpiter, o que poderia encurtar ainda mais sua órbita. Alguns cometas acabam em órbitas mais para asteroides, levando apenas alguns anos para orbitar o Sol e queimando rapidamente seu gelo remanescente até que se deterioram em cascas escuras, ressecadas, que são em geral indistinguíveis de asteroides.

Observadores de estrelas têm visto cometas desde as épocas pré-históricas, e eles são facilmente identificados. Sua aparência característica quando estão próximos ao Sol é uma atmosfera estendida, ou coma, em torno de um núcleo sólido, relativamente pequeno, e uma cauda que sempre aponta na direção oposta à do Sol. O cientista inglês Edmond Halley foi, sabidamente, a primeira pessoa a calcular o período orbital de um cometa, em 1705, percebendo que os objetos vistos em 1531, 1607 e 1682 eram, de fato, o mesmo corpo em uma órbita de 76 anos em torno do Sol. O objeto em questão é agora conhecido como cometa Halley.

Origens distantes As conclusões finais a respeito das origens dos cometas só foram esclarecidas em meados do século XX. O astrônomo estoniano Erns Öpik tinha lançado pela primeira vez, em 1932, a hipótese da distante Nuvem de Oort para explicar o fato de que cometas de período longo se aproximam da parte interior do sistema solar vindos de todas as direções, e depois apresentada pelo holandês Jan Oort, em 1950, como um meio de explicar como cometas poderiam ter subsistido durante a vida do sistema solar sem queimar todos os seus gelos e se exaurirem.

O Cinturão de Kuiper, em contraste, foi proposto por vários astrônomos como consequência da descoberta de Plutão, em 1930. O astrônomo holandês-americano Gerard Kuiper passou a ser ligado a ele por um acidente histórico, depois que escreveu, em 1951, um artigo propondo que esse cinturão deve ter existido nos dias *iniciais* do sistema solar. Ao contrário da Nuvem de Oort, que pode ser deduzida a partir de diversas linhas de evidência, a existência do Cinturão de Kuiper só foi confirmada depois que o Telescópio Espacial Hubble descobriu o 1992 QB_1, o primeiro de muitos novos objetos que foram desde então encontrados na região além de Netuno.

Composição do cometa

O filósofo alemão Immanuel Kant foi o primeiro a sugerir, ainda em 1755, que os cometas eram em grande parte feitos de gelo volátil. Em 1866, entretanto, Giovanni Schiaparelli ligou o aparecimento anual de chuvas de meteoros (estrelas cadentes) com a passagem da Terra através de órbitas de cometas. A ideia de que cometas deixam um rastro de detritos poeirentos levou a um modelo popular de núcleos de cometas como recifes de cascalho flutuando, unidos por gelo. No começo dos anos 1950, no entanto, o astrônomo norte-americano Fred Whipple apresentou uma teoria de "bola de neve suja", na qual o gelo é o componente dominante. Investigações com sondas espaciais mais tarde ampararam os princípios básicos essenciais do modelo de Whipple, embora houvesse variações significativas de um cometa para outro. Em geral, eles parecem ser uma mistura de poeira carbonácea (incluindo substâncias químicas relativamente complexas) e gelos voláteis – não apenas gelo de água, mas também monóxido e dióxido de carbono, metano e amônia congelados.

A ideia condensada: cometas e asteroides são os detritos do nosso sistema solar

12 Vida no sistema solar?

Será que formas de vida primitivas, ou até relativamente avançadas, podem estar à espera de serem descobertas em meio à miríade de mundos do nosso próprio sistema solar? Descobertas recentes revelaram não apenas uma variedade surpreendente de hábitats potencialmente viáveis mas também que a própria vida pode ser mais robusta do que se pensava antes.

Pessoas têm especulado, desde tempos antigos, sobre a perspectiva de vida em outros mundos do nosso sistema solar, mas até o fim do século XIX, quando o reporte de Giovanni Schiaparelli sobre os *canali* marcianos (ver página 30) inspirou a primeira investigação científica sobre o assunto, a vida alienígena permaneceu amplamente na província dos satiristas e contadores de histórias. Traçando paralelos com a Terra, muitos astrônomos ficaram bastante satisfeitos em aceitar que Vênus poderia ser um mundo úmido, tropical, por baixo de suas nuvens, e que o mais frio e mais árido Marte era ainda capaz de sustentar vida vegetal primitiva, se não os inteligentes alienígenas supostos por Percival Lowell.

A partir do início do século XX, no entanto, as perspectivas de vida em outros mundos sofreram uma série de retrocessos. Em 1926, o astrônomo norte-americano Walter Sydney Adams mostrou que oxigênio e vapor de água eram quase inteiramente ausentes na atmosfera marciana, e em 1929 Bernard Lyot observou que a atmosfera era dramaticamente mais rarefeita do que a da Terra. Juntas, essas descobertas indicavam um mundo extremamente seco no qual as temperaturas raramente subiam acima do ponto de congelamento, e passagens de sondas espaciais nos anos 1960 desfecharam um golpe mortal nas esperanças de vida em Marte. As primeiras sondas enviadas a Vênus mandaram de volta resultados igualmente sombrios – a

linha do tempo

1977
Oceanógrafos descobrem ecossistemas em franco desenvolvimento em torno de fontes hidrotermais em grandes profundidades oceânicas na Terra

1977
Carl Woese identifica um terceiro reino de vida, o Arquea, que inclui muitos organismos extremófilos

1979
A descoberta de aquecimento por marés eleva as chances de água líquida em luas no sistema solar exterior

superfície era uma fornalha tóxica que destruiu até *landers* (veículos espaciais que pousam em algum corpo celeste) pesadamente protegidos dentro de minutos.

O renascimento subsequente da perspectiva de vida no sistema solar (e além) emergiu de duas correntes de descobertas separadas, sendo que ambas avançaram rapidamente a partir dos anos 1970. No espaço, as sondas enviadas a planetas distantes confirmaram que diversos mundos inesperados abrigam grandes corpos de água líquida, e poderiam ser adequados à vida (sendo que os mais importantes seriam as luas Europa e Encélado – ver capítulo 9), enquanto estudos mais minuciosos de Marte mostraram que ele pode não ser assim tão árido como se pensava anteriormente (ver capítulo 7).

Vida nos extremos   Igualmente importante, no entanto, são descobertas feitas na Terra, onde uma série de avanços derrubaram ideias tradicionais a respeito das condições nas quais a vida consegue sobreviver e florescer. Essas começaram em 1977, quando oceanógrafos, usando o submersível *Alvin*, descobriram vida abundante em torno de aberturas vulcânicas em mar profundo no chão do oceano Pacífico. Sem luz do sol para realizar a fotossíntese (em geral, a base da pirâmide alimentar na terra e nos oceanos), esses organismos desenvolveram um ecossistema baseado em micro-organismos que se desenvolvem em temperaturas próximas à fervura e digerem compostos vulcânicos sulfurosos. Essas bactérias existem nos intestinos de longos vermes em forma de tubos e acabam sustentando outras criaturas, inclusive peixes e crustáceos que há muito tempo ficaram isolados nesses oásis aquecidos nas profundezas frias do oceano.

> "Acho que vamos ter fortes indicações de vida além da Terra dentro de uma década."
>
> **Ellen Stofan**, cientista chefe da NASA, 2015

No fim dos anos 1970, o microbiologista norte-americano Carl Woese investigou o DNA dos micróbios nas fontes hidrotermais das profundidades e fez a descoberta notável de que não se tratam simplesmente de bactérias adaptadas, mas de membros de um reino de vida inteiramente diferente, conhecido agora como Arquea (*Archaea*). Diferenciadas por processos únicos no metabolismo de suas células, as arqueas acabaram se revelando surpreen-

---

1996
Cientistas da NASA anunciam possíveis moléculas biogênicas e microfósseis em um meteorito de Marte

2003
Astrônomos com base na Terra descobrem assinaturas de metano na atmosfera marciana, mas estudos subsequentes são contraditórios

2014
O jipe *Curiosity* da NASA detecta picos repentinos no metano atmosférico em Marte, provavelmente de origem vulcânica ou biogênica

dentemente difundidas em ambientes que vão de oceanos e solos ao cólon humano. Mais importante ainda na busca por vida extraterrestre, arqueas extremófilas também prosperam em uma gama de ambientes inóspitos – não apenas em altas e baixas temperaturas, mas também em outros extremamente áridos, salgados, ácidos, alcalinos e condições tóxicas.

As afinidades evolutivas das arqueas ainda não estão estabelecidas – elas têm características comuns com um monte de outros reinos de vida principais: as bactérias e os eucariontes multicelulares. Alguns especialistas acham que elas podem ser as formas de vida mais antigas na Terra, o que aumenta a probabilidade de que tenham se desenvolvido no que hoje poderia ser considerado um ambiente extremo. A atmosfera da Terra certamente passou por grandes mudanças antes de chegar à sua composição atual, algumas das quais foram impulsionadas pelo aparecimento e a evolução da própria vida. É certo que as condições nas quais os organismos primitivos evoluíram seriam inimigas da maior parte da vida hoje. Do ponto de vista arqueano, *nós* é que somos os extremófilos.

A busca por vida Embora as chances de que possa ter havido evolução de vida em outros mundos tenham recebido um impulso significativo, provar isso é uma outra questão. Atualmente, nossa exploração de outros planetas está limitada a sondas robóticas, e a identificação de assinaturas de vida passada ou presente é uma tarefa tão especializada que poucas missões foram, até agora, projetadas com esse objetivo; e a única lançada até agora, o módulo de pouso Beagle 2, tristemente fracassou durante seu pouso em Marte em 2003. Marte é o lugar mais acessível para se procurar vida, e a Agência Espacial Europeia voltará à luta em breve numa missão, chamada ExoMars, com um orbitador e um módulo de pouso com forcado duplo, projetado especificamente para procurar as chamadas bioassinaturas. A NASA, enquanto isso, está desenvolvendo ativamente planos para uma futura missão *Europa*, estudando também diversos conceitos e com o foco de interesse em

Panspermia

A ideia de que a vida possa ter sido semeada do espaço é antiga, mas se tornou popular no século XIX, uma vez que os cientistas reconheceram que havia uma queda regular de material sobre a Terra sob a forma de meteoritos. Em 1834, o químico sueco Jöns Jacob Berzelius identificou carbono em um meteorito pela primeira vez, e mais tarde cientistas observaram o que achavam ser traços de bactéria fossilizada dentro de meteoritos carbonáceos. Em 1903, outro sueco, Svante Arrhenius, sugeriu que poderia haver micróbios flutuando pelo espaço, levados pela pressão de luz das estrelas.

Mais recentemente, estudos de bactérias extremófilas e arqueanas mostraram que micróbios podem sobreviver no espaço (especialmente se seladas dentro de meteoritos) por tempos relativamente longos. A descoberta de meteoritos tanto da Lua como de Marte reacendeu o interesse pela ideia de que poderia haver transferência de vida entre planetas no sistema solar.

Microfósseis marcianos?

Em 1996, uma equipe da NASA chegou às manchetes com alegações de que um meteorito de Marte, catalogado como ALH 84001, continha traços de antiga vida marciana. Junto com moléculas biogênicas, que na Terra seriam vistas como a ação de organismos vivos, a equipe encontrou minúsculas estruturas parecidas com vermes, parecendo fósseis (imagem ao lado). Apesar de toda a excitação na época, outros cientistas logo fizeram objeções. Não apenas alguns questionaram se as moléculas biogênicas poderiam ter entrado no meteorito depois de sua chegada na Terra, mas uma equipe demonstrou como eles poderiam se formar sem a necessidade de vida. Os referidos microfósseis, entretanto, são menores do que qualquer micro-organismo aceito na Terra. Com tantas questões em pauta, parece que a prova definitiva da vida marciana vai ter que esperar por novas descobertas.

Encélado. As duas espaçonaves serão orbitadores, mas no caso de Encélado pode ser que seja possível detectar diretamente as assinaturas de vida em material ejetado pelas famosas plumas de gelo da lua.

Qualquer busca robótica de vida fica inevitavelmente limitada em extensão, se comparada ao que poderia ser alcançado por geólogos ou biólogos humanos, de modo que o veredicto final sobre vida no sistema solar pode acabar tendo de esperar exploração tripulada. A identificação de meteoritos sabidos como vindos de Marte (e potencialmente, de outros mundos) abre a possibilidade de uma resposta mais rápida, mas como mostra a controvérsia em relação aos "microfósseis marcianos", tais evidências trazem complicações em si mesmas (ver boxe acima). Realmente, o fato de que material possa ser transferido entre mundos levanta questões intrigantes a respeito das origens da vida no nosso próprio planeta.

A ideia condensada: existem hábitats viáveis para vida em nossa soleira cósmica

13 Nosso Sol – uma estrela vista de perto

A estrela mais próxima fica a apenas 150 milhões de quilômetros da Terra e domina o sistema solar. A proximidade do Sol significa que podemos estudá-lo em detalhes e traçar processos que também acontecem na maioria das outras estrelas que, de outro modo, são impossíveis de se ver.

O disco nítido, incandescente, que domina os nossos céus durante o dia, parece à primeira vista ser o Sol inteiro. Mas até os primeiros astrônomos teriam visto indícios de que esse não é o caso. Mais notavelmente, faixas de luz incandescentes, pálidas, mas extensas, são reveladas quando a Lua bloqueia aquele disco fulgurante durante um eclipse solar total.

Essa camada exterior do Sol é chamada coroa, enquanto os arcos vermelhos e cor-de-rosa com aparência de chamas, que se curvam logo acima do disco escuro da Lua nos eclipses, são proeminências. Em torno de 1605, Johannes Kepler sugeriu que a coroa era produzida por matéria rarefeita em torno do Sol, refletindo fracamente sua luz, mas foi só em 1715 que Edmond Halley argumentou que o Sol tinha sua própria atmosfera.

Manchas do Sol Entretanto, foi a descoberta das manchas escuras no disco solar por Galileu, em 1612, que mudou para sempre nossa compreensão da verdadeira natureza do Sol. As manchas solares mostraram que o Sol não era uma esfera constante, mas um objeto físico mutável, imperfeito. O movimento das manchas permitiu que Galileu mostrasse que o Sol gira em torno de seu eixo uma vez a cada 25 dias.

linha do tempo

1612	1843	1863
Galileu avista pela primeira vez manchas solares e as usa para medir a rotação do Sol	Samuel Schwabe descobre a variação periódica no número de manchas solares	Carrington mede a rotação diferencial do Sol, provando que ele não é um corpo sólido

Nos anos 1760, o astrônomo escocês Alexander Wilson tinha feito uma descoberta que colocou os astrônomos num beco sem saída por quase 1 século. Seus estudos cuidadosos das manchas solares, à medida que elas ficavam próximas ao limbo (beirada visível) do Sol, mostravam que elas eram deprimidas em comparação com a maior parte da superfície visível. Isso mais tarde levou William Herschel, que era imensamente influente graças à sua descoberta de Urano e outros numerosos avanços, a concluir que a superfície brilhante do Sol era, na verdade, uma camada de nuvens. Essas densas nuvens encobriam uma superfície sólida muito mais fria, e Herschel especulou que poderia até ser habitada. Outro astrônomo alemão, Johann Schröter, cunhou o termo "fotosfera" para descrever essa superfície incandescente visível, e o nome pegou.

> **"Um dos grandes desafios na física solar é entender, e basicamente prever, atividade magnética solar."**
> **Dra. Giuliana de Toma**

Nos anos 1870, entretanto, a teoria de um Sol sólido foi finalmente desacreditada pelo astrônomo amador inglês Richard Carrington. Por meio de medidas cuidadosas, ele confirmou que as manchas solares giravam em velocidades diferentes em latitudes diferentes. Essa rotação diferencial, mais rápida no equador do que nos polos, demonstrava que o Sol era, na verdade, um corpo fluido.

O ciclo solar A descoberta chave de que as manchas solares mudam em um ciclo regular foi feita em 1843, pelo astrônomo suíço Heinrich Schwabe, usando dezessete anos de registros meticulosamente acumulados. Manchas individuais apareciam e morriam em uma questão de dias ou semanas, mas Schwabe identificou um ciclo nos números totais que apareciam e sumiam no período de cerca de 10 anos. Hoje se concorda que esse ciclo solar tem uma média de 11 anos. Em 1858, Carrington também mostrou que as manchas solares apareciam mais próximas ao equador à medida que o ciclo progredia.

O ano seguinte trouxe o primeiro indício de que os eventos no Sol poderiam ter efeitos dramáticos na Terra, quando Carrington e outros monitoraram o desenvolvimento de um ponto brilhante na fotosfera. Dentro de dias, o campo magnético da Terra foi interrompido por uma enorme tempestade

1908-19
Hale descobre a natureza magnética das manchas solares, subsequentemente usando essa informação para explicar a origem do ciclo das manchas

1946
Astrônomos observam a atmosfera solar em comprimentos de onda de raios x e ultravioletas pela primeira vez, usando instrumentos conduzidos por foguetes

1976
John A. Eddy descobre uma queda substancial no número de manchas solares por volta de fins do século XVII, conhecida como a Maunder Minimum

Ciclos em outras estrelas

Em geral, os ciclos magnéticos de estrelas distantes fazem pouca diferença em sua produção de luz para serem detectáveis da Terra, mas há exceções. Estrelas variáveis são pequenas e fracas anãs vermelhas que mesmo assim conseguem liberar explosões muito mais poderosas do que qualquer outra já vista do Sol (ver página 92). Diversas técnicas podem também ser usadas para medir o tamanho e a intensidade de grandes manchas solares (centenas de vezes maiores do que aquelas na superfície do Sol). A técnica mais simples é chamada de imagens por Doppler e envolve medir ligeiras variações na liberação de luz e de cor durante sua rotação. Abordagens semelhantes nas estrelas binárias em eclipsantes ou estrelas com trânsito de exoplanetas (ver páginas 94-7) revelam variações na superfície de uma estrela à medida que a visão de partes diferentes são bloqueadas.

Métodos mais complexos podem envolver ou o efeito Zeeman – uma modificação nas linhas de absorção no espectro de uma estrela (ver página 62) criada por campos magnéticos intensos –, ou "a razão de profundidade de linha", uma variação na intensidade das linhas que revelam diferenças de temperatura na superfície da estrela. O monitoramento preciso de estrelas com grandes manchas revelou que os ciclos estelares são semelhantes aos do nosso Sol, mas alguns também são completamente diferentes. Por exemplo, a classe de estrelas variáveis RS Canum Venaticorum tem um ciclo no qual a atividade muda de um hemisfério para o outro e depois retorna novamente.

geomagnética que afetou tudo, das auroras boreais ao sistema de telégrafo. Essa foi a primeira explosão solar registrada – uma violenta erupção de material superquente logo acima da fotosfera – e estudos subsequentes mostraram que tais eventos estão ligados ao mesmo ciclo de manchas solares. Elas emanam também das mesmas regiões do Sol (ver boxe acima).

Uma explicação magnética Em 1908, o astrônomo norte-americano George Ellery Hale descobriu que as manchas solares são regiões de campos magnéticos intensos, e isso, junto à descoberta da rotação diferencial de Carrington, provou ser a chave para a explicação do ciclo solar. O interior fluido do Sol é incapaz de gerar um campo magnético permanente, mas uma camada interna de íons de hidrogênio carregados eletricamente em rotação produz um campo temporário. No início de um ciclo, o campo corre suavemente entre os polos norte e sul abaixo da superfície do Sol, mas cada rotação do Sol faz com que ele se enrosque em torno de seu equador. À medida que as linhas dos campos se embaralham, as alças magnéticas começam a sair da fotosfera, criando regiões de densidade menor onde é suprimido o mecanismo de convecção de transporte de calor (ver página 73). Como resultado, a temperatura em cada extremidade dessas alças coronais fica mais baixa e o gás visível parece mais escuro do que seu entorno, formando uma mancha solar. Inicialmente, as alças magnéticas são empurradas para fora em latitudes relativamente altas, mas o ciclo continua e o campo se torna cada vez mais embaralhado, o número de alças aumenta e elas são gradualmente puxadas na direção do equador, coincidindo com um período de máxima atividade solar. O número de explosões solares tem um pico mais ou menos nessa altura, disparadas quando alças de campos magnéticos entram em curto-circuito próximas à superfície do Sol liberando uma quantidade enorme de energia magnética que aquece o gás ao redor a temperaturas tremendas e o explode pelo sistema solar, ainda levando junto um emaranhado de campo magnético.

Ocasionalmente, entretanto, à medida que as manchas solares chegam mais perto do equador, as polaridades opostas dos campos emaranhados começam a se cancelar. As alças diminuem em número até que eventualmente todo o campo magnético do Sol tenha efetivamente desaparecido. Depois de aproximadamente 11 anos, isso marca o fim do ciclo visível da mancha, mas é apenas o ponto médio do ciclo magnético total do Sol. Um novo campo suave é logo recriado abaixo da superfície, só que dessa vez sua polaridade norte-sul é revertida, e a história inteira se repete. Só depois de 22 anos é que o Sol volta ao seu estado magnético original.

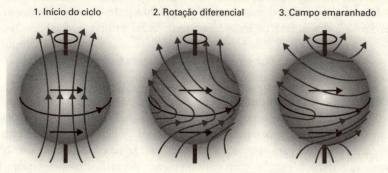

1. Início do ciclo   2. Rotação diferencial   3. Campo emaranhado

No início de um ciclo solar [1] um campo magnético fraco corre abaixo da superfície do Sol de um polo a outro. À medida que o ciclo progride, a rotação diferencial do Sol começa a arrastar o campo magnético em torno do equador [2]. À medida que o ciclo avança, o campo torna-se mais emaranhado [3] e as alças magnéticas formam manchas e explosões solares.

A ideia condensada: a variação do magnetismo do Sol pode produzir efeitos espetaculares

14 Medindo as estrelas

Até mesmo um olhar fortuito para o céu noturno revela variação entre as estrelas – mais notavelmente em relação a brilho e cor. A compreensão de como essas diferenças na aparência refletem características físicas revela que as estrelas são ainda mais variadas do que se poderia imaginar.

As diferenças de brilho entre as estrelas são uma variação evidente que os astrônomos tentaram catalogar e medir desde tempos precoces. Por volta do ano 129 a.C. o astrônomo grego Hiparco separou as estrelas em 6 diferentes magnitudes, Sirius, a mais brilhante, com primeira magnitude, e as mais pálidas a olho nu na sexta magnitude. A chegada do telescópio imediatamente levou à descoberta de inúmeras estrelas mais pálidas, e desse modo o sistema foi estendido a magnitudes mais débeis, mas foi só em 1856 que Norman R. Pogson, do Observatório Madras, agora Chennai, Índia, aplicou um rigor científico (ver boxe na página 59).

Distância e luminosidade   Será que diferenças na magnitude "aparente" de estrelas refletem variações em sua luminosidade inerente, em sua distância da Terra, ou uma mistura das duas coisas? William Herschel, em sua primeira tentativa para mapear a Via Láctea (ver página 138), erroneamente supôs que todas as estrelas eram mais ou menos tão brilhantes umas quanto outras, de modo que a magnitude era uma indicação da proximidade da Terra. A questão permaneceu sem solução até 1838, quando o astrônomo alemão Friedrich Bessel mediu com sucesso a distância até uma das estrelas mais próximas, um par binário chamado de 61 Cygni, usando sua mudança de paralaxe (ver boxe na página 60): o resultado é que ela fica a aproximadamente 100 milhões de *milhões* de quilômetros da Terra – uma distância tão grande que é mais fácil se referir a ela de acordo com o tempo que sua luz leva para chegar até nós: portanto, 10,3 anos-luz. A essa distância, as magnitudes de

linha do tempo

1827
Félix Savary calcula a órbita da estrela binária Xi Ursae Majoris, chave para a determinação de sua massa

1838
Bessel mede com sucesso a distância até 61 Cygni usando paralaxe estelar

1856
Pogson formaliza o sistema de magnitude aparente para a medida do brilho de estrelas

suas estrelas – 5,2 e 6,05 – sugeriam que elas eram 1/6 e 1/11 tão luminosas quanto o Sol, respectivamente.

À medida que os avanços tecnológicos permitiam medidas diretas de mais distâncias estelares, no final do século XIX, logo ficou claro que as estrelas variavam extremamente em termos de brilho. Sirius, por exemplo, fica na nossa soleira cósmica, a apenas 8,6 anos-luz de distância, e é mais ou menos 25 vezes mais luminosa do que o Sol. Calcula-se que Canopus, a segunda estrela mais brilhante no céu, está a uns 310 anos-luz de distância (muito longe para se medir usando o método de Bessel até recentemente), e deve, portanto, ser acima de 15 mil vezes mais luminosa do que a nossa própria estrela.

Mesmo sem medidas diretas de distância, no entanto, os astrônomos podem às vezes adotar um atalho para determinar luminosidades estelares relativas. Isso se baseia na suposição de que as estrelas em *clusters* (aglomerados) compactos, como as Plêiades do Touro (que são agrupadas próximas demais para que sejam um alinhamento estatístico eventual), estão todas efetivamente à mesma distância do nosso sistema solar. Diferenças em magnitudes aparentes, portanto, refletem diferenças em magnitudes "absolutas", ou luminosidade.

> ## O sistema moderno de magnitude
>
> Com base em comparações cuidadosas entre as estrelas, o astrônomo do século XIX, Norman R. Pogson, calculou que uma estrela de primeira magnitude era cerca de 100 vezes mais brilhante do que uma de quinta magnitude, e sugeriu a padronização dessa relação de modo que qualquer diferença de exatamente 5 magnitudes correspondesse a um fator de 100 na diferença em brilho (uma diferença de magnitude de 1,0, portanto, corresponde a uma diferença de brilho de 2,512 vezes, conhecida como a razão de Pogson). Pogson estabeleceu a magnitude da estrela do polo norte Polaris em exatamente 2,0 e como resultado encontrou que a magnitude das estrelas mais brilhantes tinha sido empurrada para valores negativos (de modo que a magnitude de Sirius é oficialmente -1,46).
> Depois da época de Pogson, astrônomos descobriram que Polaris era ligeiramente variável, de modo que o ponto moderno de referência é a brilhante estrela Vega (Alfa Lyrae), definida como tendo magnitude 0,0.

Cor, temperatura e tamanho Mas a luminosidade não é a história toda. Outra importante propriedade estelar é a cor. Ocorre que as estrelas têm uma ampla gama de tonalidades, do vermelho e laranja, passando pelo

---

1869
Gustav Kirchhoff quantifica a relação entre cor e temperatura na superfície de estrelas

1989-93
A missão *Hiparco* da Agência Espacial da Europa executa o primeiro levantamento de paralaxe em grande escala do espaço

O método de paralaxe

A única maneira de medir direito a distância até uma estrela usa a paralaxe – o desvio na posição de um objeto próximo provocado quando o ponto de observação do observador muda. Uma vez que se ficou sabendo que a Terra orbita em torno do Sol e a escala verdadeira do sistema solar foi avaliada, o desvio na posição da Terra de um lado de sua órbita para outro (aproximadamente 300 milhões de quilômetros) proveu uma linha básica ideal para tais medidas, embora apenas as estrelas mais próximas mostrassem desvio de paralaxe suficiente para ser medido com a tecnologia do século XIX. Foram escolhidos alvos potenciais com base em seus grandes movimentos próprios, ou movimentos através do céu (ver página 67). Entretanto, muitos anos de esforços ainda foram necessários para que Friedrich Bessel alcançasse sua medida de paralaxe de 61 Cygni – um mero 0,313 segundo de arco, ou 1/11.500 de grau. Hoje, satélites como o Gaia, da Agência Espacial da Europa, consegue medir ângulos 50 mil vezes menores do que isso.

amarelo até o branco e o azul (embora, curiosamente, só uma estrela no céu é geralmente considerada como sendo verde). Existe um elo intuitivo entre essas cores e as emitidas, por exemplo, por uma barra de ferro aquecida numa fornalha, mas a relação entre temperatura e cores em geral só foi formalizada por Gustav Kirchhoff em 1869. Kirchhoff identificou uma curva de radiação característica que descreve a quantidade de radiação de diferentes comprimentos de onda e as cores emitidas por um corpo negro de uma dada temperatura (um corpo negro é um objeto hipotético que absorve perfeitamente a luz, mas estrelas mostraram apresentar um comportamento semelhante). Ele descobriu que quanto mais quente estiver o objeto, mais curto é o comprimento de onda e mais azul a radiação geral. Isso significava que, com o desenvolvimento da espectroscopia estelar, por volta da virada do século XX (ver página 62), ficou possível calcular a verdadeira temperatura da superfície de uma estrela a partir de sua cor. Esse novo instrumento foi surpreendentemente poderoso, já que permitiu aos astrônomos pela primeira vez estimar o *tamanho* de estrelas.

O princípio por trás dessa estimativa é razoavelmente direto. Primeiro, calcule a emissão de energia necessária para aquecer 1 metro quadrado da superfície da estrela à temperatura medida (usando uma equação simples chamada Lei de Stefan-Boltzmann). Depois calcule a emissão *total* de energia da estrela, ou luminosidade (comparando sua distância e magnitude aparente). A superfície da estrela é então facilmente calculada, e ela, por sua vez, depende de seu diâmetro.

Para dar um exemplo concreto, uma estrela amarela relativamente pequena, como o Sol, tem uma temperatura média de 5.800ºC como resultado do aquecimento de sua superfície pela liberação de sua energia interna (de uma luminosidade solar). Em contraste, a instável estrela amarela Rho Cassiopeiae, passa por fases em que tem uma temperatura superficial semelhante à do Sol, apesar de ser incríveis meio milhão de vezes mais luminosa (deduzido de uma distância de cerca de 8.200 anos-luz e uma magnitude aparente de 6,2). Isso significa que seu diâmetro deve ser cerca de 500 vezes o do Sol. Ela, de fato, é uma supergigante amarela (ver Capítulo 29), uma estrela tão grande que, colocada no nosso sistema solar, se estenderia além da órbita de Marte.

> **"Conseguir isso tem sido o objeto das mais altas aspirações de todos os astrônomos..."**
>
> John Herschel, sobre as medidas de paralaxe estelar de Bessel

Pesando estrelas Uma propriedade estelar final é a massa, mas como se pode pesar uma estrela? Até recentemente, o único modo de medir diretamente as massas estelares tinha sido calculando as órbitas de sistemas binários (ver página 97). As estrelas nesses sistemas orbitam em torno de um centro de massa compartilhado chamado de baricentro, a distâncias médias determinadas por suas massas relativas (a mais massiva fica mais perto do baricentro). Desse modo, o matemático e astrônomo francês Félix Savary calculou a primeira órbita binária ainda em 1827. Uma vez combinada com informações de binárias espectroscópicas ou medidas de paralaxe, é possível encontrar parâmetros mais detalhados das órbitas de determinadas binárias. Então, podem-se calcular ou as massas exatas ou o limite de massas envolvidas, mas até um conhecimento das massas *relativas* se mostrou valioso para a compreensão da evolução das estrelas (ver página 78).

A ideia condensada: a cor e o brilho de uma estrela revelam sua distância e tamanho

15 Química estelar

A espectroscopia é uma técnica para se descobrir a constituição química de materiais a partir da luz que eles emitem. Tem uma variedade enorme de aplicações em química e em física, mas é particularmente importante para a astronomia, onde a luz de objetos distantes é, em geral, o nosso único modo de estudá-los.

Em 1835, o filósofo francês Auguste Comte declarou que, quando se trata de estrelas, "nunca saberemos como estudar, por quaisquer meios, sua composição química". As décadas seguintes iriam provar que ele estava redondamente enganado, mas parece injusto criticá-lo por falta de visão – muitos outros também desconsideraram evidências que tinham sido descobertas mais de 20 anos antes.

De 1814 em diante, o ótico Joseph von Fraunhofer publicou detalhes de descobertas com suas novas invenções óticas: o espectroscópio e a rede de difração. Os dois instrumentos poderiam estudar o espectro da luz do sol com muito maior precisão do que simplesmente separá-la com um prisma de vidro. Fraunhofer descobriu que o espectro solar, longe de ser o arco-íris contínuo que Isaac Newton tinha identificado mais de 1 século antes, era na verdade crivado de linhas estreitas, escuras, indicando que cores específicas de luz estavam sendo bloqueadas por substâncias desconhecidas. Fraunhofer mapeou cerca de 574 linhas no espectro solar, e até encontrou linhas escuras nos espectros de estrelas brilhantes, como Sirius, Betelgeuse e Pólux. Além disso, mostrou que algumas linhas estelares combinavam com as do Sol, enquanto outras eram diferentes.

Impressões digitais elementares A origem das chamadas linhas de Fraunhofer permaneceram obscuras até 1859, quando os químicos alemães Gustav Kirchhoff e Bunsen as ligaram a átomos na atmosfera solar. Kirchhoff e Bunsen estavam usando o espectroscópio para investigar as cores da luz produzida quando diversas substâncias queimavam numa chama. Eles descobriram que essas tendiam a ser uma mistura de algumas cores

linha do tempo

1814	1842	1848	1859
Fraunhofer descobre linhas escuras no espectro solar	Doppler descreve o desvio no comprimento de onda de luz causada por movimento relativo entre a fonte e o observador	Hippolyte Fizeau sugere que o efeito Doppler vai se mostrar mais claramente no desvio de linhas espectrais	Kirchhoff e Bunsen ligam linhas espectrais presença de elementos particulares

específicas, e cada elemento produzia uma única linha brilhante no espectro. Percebendo que as cores de luz emitida por substâncias incandescentes correspondiam a algumas das linhas escuras no espectro solar, eles inferiram que elas eram causadas pela absorção da luz pelos mesmos elementos.

A explicação completa para a origem do que é agora chamado de espectro de absorção e emissão teve de esperar até o início do século xx, quando o físico dinamarquês Niels Bohr descreveu como elas resultam da configuração de partículas chamadas de elétrons em diferentes níveis de energia dentro de um átomo. Ao serem bombardeados por uma larga faixa de luz (um espectro contínuo), como a emissão de corpo negro da superfície de uma estrela (ver página 60), os elétrons absorvem as frequências específicas que permitem que pulem brevemente para níveis de energia mais altos. Como cada elemento tem uma configuração eletrônica única, isso cria um padrão específico de linhas de absorção. Os espectros de emissão, enquanto isso, são criados quando elétrons energizados caem de volta a níveis de energia mais estáveis, mais baixos, livrando-se de seu excesso de energia como um pequeno pacote de luz (um fóton) com seu próprio comprimento de onda específico e, portanto, cor.

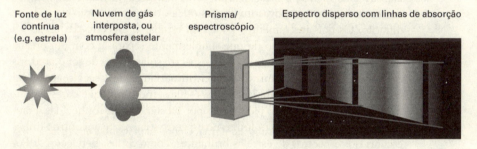

Fonte de luz contínua (e.g. estrela) | Nuvem de gás interposta, ou atmosfera estelar | Prisma/espectroscópio | Espectro disperso com linhas de absorção

Na esteira da descoberta de Kirchhoff e Bunsen, os astrônomos olharam outra vez para as linhas de Fraunhofer e as ligaram, com sucesso, a elementos como hidrogênio, oxigênio, sódio e magnésio, presentes nas camadas externas do Sol. Em 1868, o astrônomo francês Jules Janssen e o britânico Norman Lockyer, independentemente, identificaram linhas no espectro solar que não conseguiam ligar a qualquer elemento conhecido. Lockyer concluiu que o Sol continha um elemento significativo até agora desconhecido na Terra, e o chamou de hélio, de Helios, o deus grego do Sol.

1866	1868	1890	1913
Secchi desenvolve o primeiro sistema de classificação estelar baseado em linhas espectrais	Huggins usa o efeito Doppler em linhas espectrais para determinar a velocidade do movimento de uma estrela se afastando da Terra	É publicada a primeira edição do Catálogo Henry Draper	Bohr explica como mudanças no estado energético de um átomo dá origem a linhas espectrais

Classificação espectral Outros astrônomos focaram nos espectros das estrelas, e dois dos mais produtivos foram William Huggins, em Londres, e Angelo Secchi, em Roma. Secchi desenvolveu um sistema básico de classificação para os espectros, identificando 4 classes principais de estrelas: as que têm espectros semelhantes ao do Sol; estrelas azul-brancas com espectros como o de Sirius; estrelas vermelhas com bandas largas de absorção como Betelgeuse; e as chamadas estrelas de carbono (também em geral vermelhas, mas com fortes linhas de absorção de carbono).

Enquanto isso, Huggins foi o primeiro a perceber que a luz emitida pelos objetos difusos conhecidos como nebulosas consistia de apenas algumas linhas precisas de emissão, e corretamente concluiu que eram enormes nuvens de gás interestelar quente, energizado. Huggins foi um pioneiro na

O efeito Doppler

A presença de linhas de absorção na luz das estrelas fornece um conjunto muito conveniente de marcadores para se medir seu movimento, graças ao efeito Doppler. Esse é um desvio na frequência e no comprimento de ondas que chegam a um observador e que depende do movimento relativo da fonte da onda. Foi proposto pela primeira vez pelo físico austríaco Christian Doppler, em 1842, que esperava que isso pudesse explicar as diferentes cores da luz das estrelas: luzes de estrelas que se moviam na nossa direção têm frequência mais alta e comprimentos de onda mais curtos, azulados, enquanto as luzes de estrelas que se afastam de nós têm frequência mais baixa, comprimentos de onda maiores e parecem avermelhadas. Infelizmente para Doppler, a alta velocidade da luz faz com que o efeito seja muito mais fraco do que ele antecipara (em praticamente todas as circunstâncias, menos as mais extremas – ver página 162) – mas isso foi confirmado em ondas sonoras em 1845.

O efeito Doppler não é a explicação para a cor das estrelas, mas "desvios vermelhos" e "desvios azuis" nas linhas de absorção de suas posições esperadas podem ser usados para medir com precisão a velocidade do movimento de um objeto vindo na direção ou se distanciando da Terra. William Huggins estava entre os primeiros a tentar isso para as estrelas, mas foi Angelo Secchi, nos anos 1870, que usou os desvios Doppler com sucesso nas linhas de absorção em diferentes partes do Sol para demonstrar sua rotação.

astrofotografia e partiu para criar alguns dos primeiros catálogos fotográficos extensivos de espectros estelares. Seu trabalho, no entanto, foi eclipsado pelos esforços, e mais tarde legados, de Henry Draper, um médico norte-americano e astrônomo amador que capturou as primeiras fotografias tanto dos espectros estelares como nebulares antes de sucumbir à pleurisia com apenas 45 anos, em 1882. Em 1886, a viúva de Draper, Mary Anna, doou dinheiro e equipamentos para o Observatório do Harvard College para financiar o projeto astronômico mais ambicioso da época: um catálogo fotográfico em grande escala de espectros estelares. Conhecido como o Catálogo Henry Draper, ele demorou quase quatro décadas para ser completado, e por fim descreveu os espectros de mais de 225 mil estrelas.

A força motriz por trás do catálogo foi o diretor do observatório, Edward Pickering, mas o grosso do trabalho foi feito por uma equipe de mulheres, conhecidas na história como as Computadoras de Harvard. A motivação de Pickering para contratar uma equipe de mulheres foi, em parte, incentivada por questões orçamentárias: as mulheres trabalhariam por salários mais baixos do que os homens, de modo que ele teria recursos para uma equipe maior para analisar as enormes quantidades de dados gerados por esse levantamento fotográfico. Muitas em sua equipe, no entanto, provaram ter impressionantes talentos científicos e foram responsáveis por diversas descobertas importantes no sentido de compreender as propriedades das estrelas.

> **"O caminho está aberto para a determinação da composição química do Sol e das estrelas fixas."**
>
> **Robert Bunsen**

O grosso do trabalho de catalogação inicial sobrou para a primeira recrutada de Pickering, sua antiga empregada, Williamina Fleming, nascida na Escócia. Ela estendeu o sistema de classificação de Secchi, atribuindo a cada estrela uma simples letra de A a N, dependendo da intensidade das linhas de hidrogênio em seu espetro (O, P e Q eram aplicados a objetos com espectros pouco comuns). Esse sistema, usado no primeiro Catálogo Henry Draper, publicado em 1890, sofreria grandes mudanças antes de se tornar a classificação que usamos hoje.

A ideia condensada:
a luz das estrelas tem as impressões digitais da composição química

16 O diagrama de Hertzsprung-Russell

Talvez a descoberta mais importante na compreensão dos ciclos de vida das estrelas ocorreu quando, no início do século XX, astrônomos compararam os tipos espectrais recém-catalogados com suas luminosidades. A resultante demarcação das propriedades estelares, chamada de diagrama de Hertzsprung-Russell (H-R), mudou a astronomia para sempre.

O primeiro fruto do projeto de pesquisa de William Pickering no Observatório do Harvard College (ver página 65) foi o Catálogo Henry Draper dos espectros estelares, publicado em 1890. Compilado em sua maior parte por Williamina Fleming, ele continha espectros para umas 10.351 estrelas. Enquanto o trabalho continuava a acrescentar mais estrelas ao catálogo principal, Pickering e sua equipe de mulheres "computadoras" investigaram alguns espectros mais brilhantes em maior detalhe.

Sistema de Maury Entre as mais talentosas das Computadoras de Harvard estava Antonia Maury, uma sobrinha de Henry Draper. Ela começou a notar características significativas nos espectros de estrelas mais brilhantes que não tinham sido percebidas na simples classificação alfabética de Fleming. Não só as linhas espectrais variavam de estrela para estrela (indicando elementos diferentes em sua atmosfera), mas a intensidade e a largura das linhas variavam entre estrelas com químicas aparentemente idênticas. Acreditando que a largura da linha representava alguma coisa fundamental a respeito da natureza das estrelas, Maury propôs uma reordenação dos tipos espectrais que refletisse a intensidade deles. Pickering e Fleming, entretanto, acharam que o novo sistema de classificação era demasiadamente complexo,

linha do tempo

1890	1890s	1901
É publicada a primeira edição do Catálogo Henry Draper	Maury abre caminho para a classificação de estrelas com base na largura das linhas espectrais	Cannon projeta a versão final do Esquema de Classificação de Harvard para os espectros

e Maury acabou saindo do projeto. Apesar das solicitações de Pickering, no entanto, ela se recusou a abrir mão de seu trabalho sobre as larguras das linhas espectrais e insistiu no reconhecimento oficial, quando seu catálogo de cerca de 600 estrelas foi finalmente publicado em 1897.

Embora Pickering continuasse a menosprezar a importância das ideias de Maury, elas influenciaram sua sucessora. Annie Jump Cannon tinha entrado para o grupo de Harvard para estudar as estrelas do hemisfério sul que estavam sendo acrescentadas ao catálogo. Ela introduziu seu próprio sistema de classificação, que combinava a simplicidade das letras de Fleming com a abordagem de largura das linhas de Maury. Deixar de fora diversas letras e reordená-las para refletir cores espectrais de azul e vermelho resultou numa sequência de tipos espectrais O, B, A, F, G, K e M.

Os espectros formam a chave Alguns anos mais tarde, o mistério das variações de largura de linha foi adotado pelo astrônomo dinamarquês Ejnar Hertzsprung. Ele usou uma engenhosa regra prática para calcular a distância e, portanto, o brilho, de estrelas que não podiam ser medidas diretamente pelo método da paralaxe. Como regra geral, ele argumentou que as estrelas mais distantes exibiriam movimentos próprios menores (movimentos anuais pelo céu, causados pelo movimento relativo da estrela e do nosso sistema solar). O movimento próprio poderia, portanto, ser usado como um substituto grosseiro para a distância – se duas estrelas mostrassem a mesma magnitude aparente, poderíamos adivinhar que aquela com o menor movimento próprio estaria mais distante e, portanto, teria maior luminosidade inerente.

> **"A classificação das estrelas ajudou materialmente em todos os estudos da estrutura do universo."**
> Annie Jump Cannon

Usando esse método, Hertzsprung identificou uma ampla divisão entre estrelas de cores semelhantes, separando gigantes luminosas de anãs mais numerosas, e mais pálidas, particularmente na extremidade mais fria do espectro. Ele descobriu que estrelas com linhas espectrais estreitas eram mais luminosas do que aquelas com linhas mais largas, e amparou sua hipótese calculando laboriosamente a distância até diversos grupos de estrelas. A razão para essa diferença na largura da linha acabou ficando aparente alguns anos mais tarde (ver página 121).

1908
Hertzsprung liga as variações de largura das linhas de Maury à luminosidade intrínseca das estrelas

1911
Hertzsprung publica uma forma básica do diagrama H-R para estrelas nas Plêiades

1913
Russel produz o primeiro diagrama H-R que inclui toda a variedade de estrelas

O diagrama de Hertzsprung-Russell

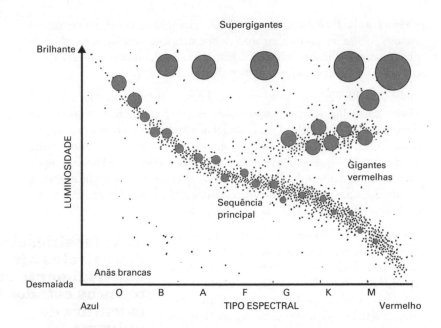

Em 1911, Hertzsprung publicou um mapa comparando as características espectrais de estrelas no aglomerado das Plêiades (um representante da relação entre a temperatura superficial e o tipo espectral de Annie Jump Cannon) com suas magnitudes aparentes (um reflexo de suas magnitudes absolutas, já que todas as estrelas aglomeradas ficam à mesma distância). Embora necessariamente limitado, porque as estrelas que representam são todas amplamente semelhantes, o mapa mostrou uma tendência inequívoca – quanto mais luminosa é uma estrela, mais quente é sua superfície.

Expansão do diagrama Ao longo dos 2 anos seguintes, Henry Norris Russell, trabalhando na Universidade de Princeton, desenvolveu o trabalho de Hertzsprung com um mapa muito mais ambicioso baseado na mesma ideia. O diagrama de Russell mostrou uma gama muito mais ampla de estrelas, inclusive as do aglomerado de Hyades (um grupo mais antigo e variado), e aquelas cujas luminosidades podiam ser calculadas acuradamente por medidas de paralaxes. O diagrama comparou o tipo espectral com a magnitude absoluta estimada, revelando pela primeira vez alguns padrões fundamentais.

A vasta maioria das estrelas fica numa faixa diagonal que vai de frio e vermelho a quente e azul. Essa banda, previamente identificada por Hertzsprung, abrangia todas as suas anãs e foi chamada de sequência principal. As gigantes e supergigantes, muito menos comuns, ficavam espalhadas pelo topo da tabela em todas as cores e temperaturas, com uma forte concentração de vermelhas luminosas e gigantes laranjas emergindo em um ramo da sequência principal.

Distâncias e diagrama H-R

Com o estabelecimento do diagrama H-R tornou possível obter uma ideia aproximada da luminosidade intrínseca de uma estrela (e daí, sua distância) simplesmente a partir de suas propriedades espectrais. Mas a sequência principal e outras regiões podem ser tão largas que derivar a luminosidade de uma estrela individualmente só por seu tipo espectral envolve certo grau de adivinhação. Por sorte, o diagrama H-R também permite uma medida muito mais acurada da distância em relação a aglomerados estelares – uma técnica chamada de ajuste da sequência principal.

Como todas as estrelas num dado aglomerado estão efetivamente à mesma distância da Terra, diferenças em suas magnitudes aparentes são um reflexo direto das diferenças em suas magnitudes absolutas. Isso torna possível mapeá-las em um diagrama H-R para um aglomerado específico, que deveria mostrar a mesma distribuição característica da sequência principal que a versão generalizada. Encontrar a diferença entre brilho observado e brilho intrínseco é então uma simples questão de calcular a equivalência entre os dois gráficos e, como muitas estrelas estão envolvidas, é possível fazer isso com alta precisão.

É claro, como a maior parte das técnicas astronômicas, há alguns fatores complicando – por exemplo, a proporção de elementos pesados nas estrelas de um aglomerado afeta, de algum modo, sua distribuição. Além disso, à medida que um aglomerado envelhece, suas estrelas mais massivas começam a sair da sequência principal, de modo que é importante fixar as estrelas da sequência principal atual com precisão e excluir as errantes.

O diagrama de Hertzsprung-Russell se mostrou imensamente influente, e durante as duas décadas seguintes os astrônomos continuaram a aumentá--lo. Certos tipos de estrelas variáveis (ver página 114) sempre caíram em áreas específicas do mapa, ao mesmo tempo que foram descobertos novos tipos de estrelas que preencheram as falhas (ver página 126). O fato de que um número gigantesco de estrelas estão na sequência principal mostrou que é aí que a grande maioria das estrelas passa a maior parte de suas vidas. A abordagem toda poderia também ser invertida – a análise minuciosa do espectro de uma estrela isolada poderia revelar seu lugar no diagrama, dando não apenas uma medida de seu tipo espectral e temperatura superficial, mas também uma ideia aproximada de sua luminosidade intrínseca, e portanto sua distância da Terra.

A ideia condensada: a comparação da cor e do brilho revela os segredos das estrelas

17 A estrutura das estrelas

Entender a estrutura interna das estrelas é a chave para explicar as diferenças entre elas. Entretanto, com o desenvolvimento do diagrama de Hertzsprung-Russell no início do século XX, os astrofísicos começaram a avaliar adequadamente o quanto as estrelas podem variar.

Apesar das descobertas na espectroscopia estelar por volta da virada do século XX, era espantoso como os astrônomos sabiam pouco sobre a composição interna das estrelas. Eles supunham que as linhas espectrais explicavam apenas os componentes da atmosfera e a questão sobre o que fica abaixo da fotosfera permanecia sem resposta. Entretanto, o astrônomo inglês Arthur Eddington mostrou que era possível desenvolver um modelo sofisticado de interiores estelares sem referência aos elementos precisos presentes. Eddington tinha ganhado reputação internacional em 1919, quando apresentou uma prova experimental para a Teoria da Relatividade Geral de Albert Einstein (ver página 193). Fora isso ele vinha investigando a estrutura das estrelas, e em 1926 publicou seu livro imensamente influente, *The internal constitution of stars* [A constituição interna das estrelas].

Camadas equilibradas   A abordagem de Eddington, com base no fato de que a temperatura dentro do Sol era claramente quente o suficiente para derreter qualquer elemento conhecido, foi tratar o interior de uma estrela como um fluido, preso entre a atração do lado de dentro da gravidade e a força externa de sua própria pressão. Astrônomos como o alemão Karl Schwarzschild já tinham investigado essa ideia usando modelos que supunham que a pressão para fora era devida inteiramente a fatores térmicos, mas tinham encontrado resultados contraditórios. Eddington, no entanto, achou que, além da pressão provocada por átomos quentes com quantidades imensas de energia cinética ricocheteando ao redor, um efeito chamado pressão de radiação também tinha um papel a desempenhar. De

linha do tempo

1906
Schwarzschild investiga o equilíbrio entre a pressão térmica das estrelas e a atração da gravidade para dentro delas

1925
Cecilia Payne argumenta que o Sol é predominantemente feito de hidrogênio

1926
The internal constitution of stars de Eddington introduz a ideia de pressão de radiação para fora exercida pelo núcleo

acordo com sua teoria, a radiação estava sendo gerada no núcleo da estrela (em vez de na totalidade de sua superfície, como a maior parte dos astrônomos acreditava até então). Isso exercia por si só uma pressão substancial à medida que seus fótons "ricocheteava" em partículas individuais em diferentes profundidades dentro do Sol.

> **"À primeira vista pareceria que o interior profundo do Sol e das estrelas é menos acessível a... investigação do que qualquer outra região do universo."**
>
> **Arthur Eddington**

Eddington foi obrigado a calcular grande parte de sua teoria a partir de primeiros princípios, mas concluiu que as estrelas só poderiam permanecer estáveis se a geração de energia ocorresse inteiramente no núcleo, a temperaturas de milhões de graus (até muito maior do que a superfície da estrela mais quente). Ele mostrou que graças à diminuição de radiação a grandes distâncias do núcleo, qualquer camada arbitrária na estrela seria mantida em equilíbrio hidrostático. Em outras palavras, em cada ponto da estrela a radiação para fora e a pressão térmica eram o necessário para contrabalançar a força para dentro causada pela gravidade.

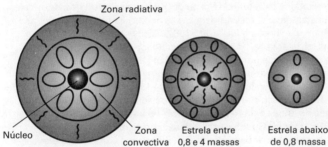

A energia nas estrelas da sequência principal pode ser transportada do núcleo para a superfície por convecção ou por radiação, mas a profundidade e o local das diferentes zonas de transporte variam, dependendo da massa da estrela.

A estrutura interna de uma estrela, argumentou Eddington, era governada pelas mudanças na opacidade de seus materiais. Outro astrônomo britânico, James Jeans, tinha discutido que em temperaturas tão altas os átomos estariam inteiramente ionizados (destituídos de seus elétrons e reduzidos ao mero núcleo atômico), e Eddington percebeu que diferenças no grau de ionização (em níveis diferentes de temperatura e pressão dentro da estrela)

1930
Unsöld descobre que material nas partes externas de estrelas parecidas com o Sol forma uma zona de convecção

1938
Öpik argumenta contra a suposição geral de que as estrelas são bem misturadas

1975
Gough sugere o uso da heliosismologia para sondar a estrutura interna do Sol

afetariam a condição de opaco ou transparente do seu interior. A teoria dos interiores estelares de Eddington mostrou-se bem-sucedida em predizer como as estrelas se comportariam: mais notavelmente, provia uma explicação para estrelas que pulsam em ciclos periódicos (ver página 114).

Descoberta do hidrogênio Deixar de lado a questão da química permitiu a Eddington pensar a respeito da estrutura estelar em termos poderosamente abstratos, mas esses detalhes seriam necessários para entender tanto como as estrelas brilham, quanto como elas evoluem e mudam de estrutura ao longo do tempo (ver páginas 76 e 78). Por coincidência, exatamente na mesma época em que Eddington estava escrevendo seu livro em Cambridge, Cecilia Payne estava trabalhando em sua tese de doutorado em Harvard. Lá, ela fez uma descoberta fundamental, ligando a presença e a intensidade das linhas espectrais à temperatura da fotosfera de uma estrela. Isso deu a chave para identificar a composição elementar do Sol.

Heliosismologia

O modo mais direto de estudar a estrutura do Sol ou de qualquer estrela é usar as ondas sonoras que passam constantemente através dela. Essas ondas sísmicas são análogas às que provocam terremotos no nosso planeta. Em 1962, físicos solares do Instituto de Tecnologia da Califórnia, ao usar espectroscopia para estudar o Sol, descobriram um padrão de oscilação de células, cada uma em torno de 30 mil quilômetros de diâmetro, desviando-se para cima e para baixo em um período de aproximadamente 5 minutos. Supunha-se que as células eram um efeito de superfície até 1970, quando outro físico solar norte-americano, Roger Ulrich, sugeriu que poderiam ser um padrão estabelecido provocado pela oscilação de ondas para frente e para trás no interior do Sol. Alguns anos mais tarde, em 1975, Douglas Gough demonstrou como as ondas-p oscilatórias de Ulrich podiam ser usadas para sondar o interior do Sol. Pelo modo como elas afetavam os padrões da superfície, Gough identificou limites dentro do Sol, como os entre as zonas de convecção e as de radiação.

A intensidade das linhas espectrais havia sido antes explicada como uma indicação direta das abundâncias relativas de elementos na atmosfera de uma estrela, mas Payne mostrou que elas eram, de fato, principalmente devidas a diferenças na temperatura. Usando essa nova abordagem, ela calculou que as proporções de oxigênio, silício e carbono na atmosfera do Sol eram muito semelhantes às da Terra, mas também descobriu que a nossa estrela continha quantidades de hélio, e especialmente de hidrogênio, muito maiores do que se tinha suspeitado antes. Payne concluiu que esses 2 elementos constituíam a composição dominante do Sol, e de fato, de todas as estrelas. Levou vários anos para que a ideia fosse amplamente aceita.

Zonas de transporte de energia Uma área crucial em que Eddington errou foi na sua suposição de que o interior de uma estrela seria homogêneo, ela inteira apresentando a mesma composição de elementos. Ele achou que a produção de energia na região central mais quente faria com que a estrela inteira se agitasse. Correntes de convecção levariam material mais quente para cima e o material mais frio afundaria, garantindo que o interior ficasse inteiramente misturado.

De acordo com teorias apresentadas pela primeira vez por Ernst Öpik em 1938, entretanto, o material em circulação no núcleo de uma estrela permanece lá durante toda a sua história. O núcleo é rodeado por uma profunda zona de radiação, em que fótons de alta energia provocam o rebote de partículas, gerando pressões enormes. Em estrelas como o Sol, isso é coberto ainda por outra camada de material de convecção, cuja existência foi confirmada pelo astrofísico alemão Albrecht Unsöld, em 1930. Essa mudança no método de transporte de energia é causada por uma transição em que o material mais frio de repente fica opaco. No topo da zona, o Sol fica transparente outra vez, mas as partículas lá são muito menos comprimidas, de modo que a radiação emitida a partir do gás em ascensão pode simplesmente escapar para o espaço. É isso o que forma a superfície incandescente da estrela, ou fotosfera, que vemos da Terra.

A ideia condensada: dentro das estrelas, a gravidade e a pressão são delicadamente equilibradas

18 A fonte de energia das estrelas

A questão de como exatamente o Sol e outras estrelas geram sua luz e calor é um mistério muito antigo na astronomia, que não pode ser satisfatoriamente resolvido somente pela física clássica. O enigma da energia estelar só poderia ser resolvido com a chegada da física nuclear, no século XX.

As teorias mais antigas tentando explicar o Sol como um objeto físico supunham que nossa estrela não era nada mais sofisticada do que uma enorme bola de carvão, ou alguma outra substância combustível, vividamente queimando no espaço. A química da combustão era mal compreendida, bem como a falta de oxigênio no espaço, de modo que só em 1843, o astrônomo escocês John James Waterston, apresentou uma análise adequada das implicações disso. Ele mostrou que, se o Sol brilhasse com sua intensidade atual ao longo da história, ele conteria material suficiente para queimar apenas durante cerca de 20 mil anos, mesmo se a reação química fosse extremamente eficiente.

Força gravitacional Os cientistas da época tinham pouca ideia da idade verdadeira da Terra e do sistema solar, mas descobertas geológicas e fósseis já estavam começando a mostrar que uma idade de muitos milhões de anos era mais provável do que os poucos milhares de anos amplamente inferidos pela Bíblia, de modo que começou a busca por um novo mecanismo para energizar o Sol. O próprio Waterston sugeriu que poderia haver liberação de energia por um constante bombardeio de pequenos meteoros na superfície, mas uma teoria mais plausível foi proposta em 1854 pelo físico alemão Hermann von Helmholtz. Ele argumentou que a energia do Sol sur-

linha do tempo

1843
Waterston demonstra que a energia do Sol não pode ser causada por uma reação química como a combustão

1854
Helmholtz propõe um mecanismo que permitiria que as estrelas gerassem energia a partir de contração gravitacional, mais tarde modificado por Kelvin

1856-1890s
Diversas estimativas põem o período de vida do Sol sob o mecanismo Kelvin-Helmholtz em cerca de 20 milhões de anos

gia de efeitos de sua própria gravidade fazendo com que ele encolhesse e se aquecesse com o tempo. Com modificações feitas pelo cientista britânico Lord Kelvin, esse "mecanismo de Kelvin-Helmholtz" oferecia um meio para o Sol gerar energia em seu nível atual por mais de 100 milhões de anos. Isso se encaixava bastante com ideias a respeito da idade da Terra, que os geólogos acreditavam poder ser de dezenas de milhões de anos, já que, do contrário, seu interior teria esfriado e solidificado.

A teoria gravitacional começou a desabar em torno da virada do século XX, quando a descoberta de novos elementos radioativos revelou um jeito de manter o interior da Terra aquecido por muito mais tempo. A Teoria da Evolução de Darwin, enquanto isso, sugeria que a variedade da vida atual teria levado muitas centenas de milhões, se não bilhões, de anos para surgir por seleção natural. Então, quando Arthur Eddington voltou sua atenção para o problema em sua obra-prima de 1926 sobre a estrutura estelar (ver página 70), a questão da fonte de energia do Sol estava mais uma vez em aberto.

> **Provavelmente a hipótese mais simples... é a de que pode haver um processo lento de aniquilação da matéria.**
> Arthur Eddington

Energia vinda da massa Eddington calculou que a contração gravitacional faria com que algumas estrelas mostrassem mudanças dramáticas no tipo das escalas de tempo com duração de séculos cobertas pelos registros astronômicos. Como essas mudanças não existiam, a fonte de energia deveria ter vida muito mais longa e ser mais estável. Além disso, pôs de lado a teoria do impacto de meteoros, já que isso não seria capaz de influenciar processos no coração de uma estrela. Em vez disso, argumentou que a única fonte plausível de energia das estrelas tinha natureza subatômica: quando a massa era transformada em energia pela famosa equação de Einstein $E=mc^2$, uma estrela como o Sol se mostrava contendo matéria em quantidade mais do que suficiente para brilhar durante um ciclo de vida de muitos bilhões de anos.

Mas como seria liberada essa energia? Eddington considerou 3 opções principais – o decaimento radioativo de núcleos atômicos pesados (fissão), a combinação de núcleos leves para formar núcleos pesados (fusão) e o hipo-

1926	1927	1937	1939
Eddington sugere que a energia do Sol é causada por uma reação nuclear que converte massa diretamente em energia	Arthur Holmes publica evidência de que a Terra tem vários bilhões de anos de idade	Gamow e Weizsäscker delineiam a cadeia de fusão próton-próton, que é a principal fonte de energia para estrelas semelhantes ao Sol	Bethe descobre o ciclo CNO, que desempenha um papel fundamental em estrelas mais massivas que o Sol

A cadeia próton-próton

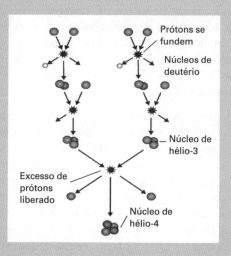

A cadeia próton-próton envolve a fusão de dois núcleos de hidrogênio (prótons), um dos quais se transforma espontaneamente em um nêutron para criar um núcleo de deutério (hidrogênio pesado), estável. A fusão com outro núcleo cria outro isótopo estável, hélio-3, e finalmente dois núcleos de hélio-3 se fundem para criar o hélio-4, normal, liberando 2 prótons "em excesso" durante o processo. A energia é liberada em quantidades cada vez maiores em cada estágio do processo. Bethe reconheceu também outras ramificações que podiam ser adotadas pela reação, em geral em estrelas com interiores mais quentes do que o Sol (ver ciclo CNO, ao lado).

tético "cancelamento" da matéria, quando elétrons e prótons, de cargas opostas, se encontram. Logo ele concluiu que a fusão era o mecanismo mais provável. Como demonstração, Eddington chamou a atenção para o fato de que um núcleo de hélio tinha 0,8% menos massa do que os 4 núcleos de hidrogênio necessários para criá-lo (um "defeito de massa" que representa a massa liberada como energia durante a fusão). Quando as ideias de Cecilia Payne a respeito da composição estelar (ver página 72) foram aceitas, a partir do final dos anos 1920, os astrônomos se deram conta de que hidrogênio e hélio eram realmente os elementos dominantes entre as estrelas.

Construção do modelo de fusão Um grande problema na teoria da fusão de Eddington era que as temperaturas no Sol não pareciam altas o suficiente para sustentá-la. Partículas positivamente carregadas se repelem mutuamente, então as temperaturas teriam de ser excessivamente altas para que prótons individuais colidissem e se fundissem. Em 1928, no entanto, o físico russo George Gamow ampliou a estranha nova ciência da mecânica quântica para mostrar como prótons poderiam superar essa repulsa e se fundir. Em 1937, ele e seu colega alemão Carl Friedrich von Weizsäcker conseguiram propor uma cadeia próton-próton na qual as colisões entre núcleos de hidrogênio gradualmente criavam hélio – a mesma ideia com que Eddington tinha brincado uma década antes.

A cadeia de Gamow e Weizsäcker tinha problemas próprios, ou seja, ela envolvia uma produção de isótopos altamente instáveis (variantes atômicas) que se desintegrariam no mesmo momento em que eram formados, em vez de se sustentarem durante tempo suficiente para que se unissem a outros prótons e criassem um hélio estável. Em 1938, Gamow convidou um pequeno grupo dos principais físicos nucleares para uma conferência em Washington para discutir o problema, inclusive o emigrado alemão Hans Bethe. No começo, Bethe tinha pouco interesse no problema, mas intuitivamente viu uma solução possível e rapidamente calculou os detalhes com Charles Critchfield. No ano seguinte, ele publicou dois artigos delineando não apenas o processo da fusão do hidrogênio que domina as estrelas do tipo do Sol, mas também um processo alternativo chamado de ciclo CNO, que se dá principalmente nos interiores mais quentes das estrelas mais massivas (ver boxe à ao lado). Ao analisar rigorosamente a velocidade em que os dois processos se dão em diversas condições, Bethe foi capaz de explicar não apenas como as estrelas brilham, mas também como seus diversos processos de fusão dão origem a uma variedade de elementos relativamente pesados.

O ciclo CNO

Em condições mais quentes do que o núcleo do nosso Sol, o carbono pode funcionar como um catalisador, acelerando a velocidade com que o hidrogênio é fundido em hélio ao mesmo tempo em que se mantém inalterado. Núcleos de hidrogênio (prótons) se fundem com os núcleos de carbono para criar nitrogênio e depois oxigênio. Finalmente, quando um próton a mais tenta se fundir com o núcleo de oxigênio, ele se desintegra liberando um núcleo de hélio completamente formado e restaurando o carbono original. Mais uma vez, energia é liberada em todos os estágios do processo. O ciclo CNO se torna dominante em estrelas com mais de 1,3 massas solares, e é tão rápido e eficiente que sua presença ou ausência nas estrelas é um fator fundamental na determinação de seus períodos de vida (ver página 79).

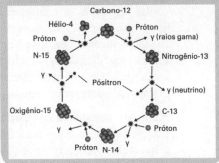

A ideia condensada: as estrelas brilham ao fundirem núcleos atômicos para liberar energia

19 O ciclo de vida das estrelas

Juntos, o diagrama de Hertzsprung-Russell e descobertas no entendimento das fontes de energia finalmente ajudaram os astrônomos a compreender um dos maiores mistérios científicos de todos – como as estrelas vivem e morrem. Entretanto, a jornada envolvia abandonar algumas teorias amplamente divulgadas.

A apresentação de Henry Norris Russell, em 1912, do primeiro diagrama que plotava a luminosidade contra o tipo espectral de estrelas levantou enormes questões para os astrofísicos. O número enorme de estrelas encontradas ao longo da sequência principal diagonal entre estrelas vermelhas pálidas e azuis brilhantes claramente implicava que era ali que a vasta maioria das estrelas passava a maior parte de suas vidas, mas como deveriam ser interpretados os padrões? Os pioneiros dos diagramas tinham pontos de vista divergentes, mas os dois acreditavam que o gráfico refletia a evolução de uma estrela. Russell suspeitava que as estrelas começavam a vida como gigantes vermelhas, se contraíam até se tornarem brilhantes azuis e depois se apagavam lentamente, movendo-se ao longo da sequência principal e esfriando à medida que envelhecem. As ideias de Ejnar Hertzsprung eram menos específicas, mas ele achava que a sequência principal e a banda horizontal de gigantes e supergigantes multicoloridas ao longo do topo do diagrama representavam 2 trajetórias evolutivas diferentes.

Relação massa–luminosidade Várias teorias competiam por uma posição até meados dos anos 1920, em geral enraizadas na ideia de que as estrelas geravam energia por algum tipo de contração gravitacional (ver página 74). O livro de Arthur Eddington publicado em 1926 sobre a estrutura das estrelas, no entanto, trouxe uma nova abordagem para os processos. Partindo desse modelo teórico dos interiores estelares, ele calculou que havia uma relação fundamental entre massa e luminosidade para quase todas

linha do tempo

1913
Os astrônomos inicialmente interpretaram a sequência principal de um diagrama H-R como um trajeto evolutivo

1926
Eddington acentua a importância da relação entre massa e luminosidade para a evolução estelar

1938
Öpik argumenta que os materiais estelares não são bem misturados, limitando o suprimento de combustível e, portanto, a idade das estrelas

as estrelas: quanto mais massiva a estrela, mais brilhante ela deveria ser.

Essa ideia não era nova, e o próprio Hertzsprung já tinha encontrado alguma prova disso nas estrelas binárias (ver capítulo 23). A abordagem de Eddington, no entanto, confirmou teoricamente que a massa aumentava tanto com a luminosidade quanto com a maior temperatura superficial. Supondo que as estrelas tinham massa fixa durante seus períodos de vida, seria impossível que elas modificassem seu equilíbrio de temperatura e brilho sem que mudanças importantes ocorressem na sua fonte interna de energia. A implicação era que as estrelas que seguiam o modelo de estrutura estelar de Eddington ficassem em um local na sequência principal do diagrama H-R durante a maior parte de suas vidas – um local determinado no nascimento pela massa com que elas eram formadas.

Essa nova interpretação revolucionária do diagrama H-R foi saudada com retumbante ceticismo entre os colegas de Eddington, não menos por causa do perene problema das fontes de energia estelar. O próprio Eddington tinha ajudado a refutar o velho modelo de contração gravitacional, mas a substituição preferida era um modelo de hipotética "anulação de matéria" (ver página 76), que produziria energia abundante e permitiria que as estrelas brilhassem durante trilhões de

O período de vida das estrelas

A duração da vida de uma estrela pode variar dramaticamente, dependendo de sua massa e composição. Estrelas pesadas podem ter várias vezes a massa do Sol, mas brilhar milhares de vezes sua luminosidade e, portanto, queimar seu combustível muito mais rapidamente. Enquanto o nosso Sol gastará cerca de 10 bilhões de anos na sequência principal (fundindo hidrogênio em hélio em seu núcleo), e centenas de milhões de anos nos estágios finais de sua evolução, uma estrela com 8 massas solares poderá exaurir o suprimento de seu núcleo em apenas poucos milhões de anos, encurtando dramaticamente os outros estágios de seu ciclo de vida.

A massa é o fator mais importante a afetar a duração de vida de uma estrela. As temperaturas mais altas e as pressões no núcleo de estrelas massivas permitem que o ciclo de fusão CNO, muito mais eficiente, se torne dominante (ver página 77) enquanto que em estrelas menos massivas a cadeia próton-próton mais reduzida gera a maior parte da energia. A composição também tem um papel a desempenhar: o ciclo CNO só pode se dar se o carbono estiver presente para agir como um catalizador, e como o Universo só se tornou enriquecido com carbono ao longo do tempo (ver capítulo 42), o ciclo CNO é menos significativo na geração de estrelas primitivas.

1945
Gamow explica as gigantes vermelhas como um estado tardio na evolução de estrelas parecidas com o Sol

1956
Iosif Shklovsky mostra que as nebulosas estelares são gigantes vermelhas que soltaram suas atmosferas

1961
Chushiro Hayashi descreve os trajetos da evolução estelar antes da sequência principal

> **"Estrelas têm um ciclo de vida muito parecido com o dos animais. Elas nascem, crescem, passam por um desenvolvimento interno definido e finalmente morrem."**
>
> Hans Bethe

anos, mas que também causaria perda de massa significativa durante seu tempo de vida. Com base nessa suposição, a evolução na sequência principal *abaixou*, com as estrelas perdendo massa e apagando à medida que envelheciam, parecia fazer sentido.

Apenas no final dos anos 1930, com o trabalho pioneiro de Hans Bethe sobre a cadeia de fusão próton-próton (ver página 76), é que tudo começou a se encaixar. Para liberar a produção de energia observada nas estrelas a fusão nuclear precisava se dar em uma velocidade muito maior do que o processo de aniquilação, mas poderia ainda manter uma estrela como o Sol brilhando estavelmente durante bilhões de anos. E mais, haveria relativamente pouca perda de massa entre o começo e o fim de vida de uma estrela.

Explicando as gigantes O argumento de Eddington de que as estrelas passavam a maior parte de sua vida em algum ponto na sequência principal foi sustentado, mas ainda havia grandes indagações a serem respondidas a respeito de como outros tipos de estrelas se encaixavam na teoria. Aconteceu que, no mesmo ano em que Bethe publicou seus pensamentos sobre a fusão, o astrônomo estoniano Ernst Öpik apresentou uma nova visão de estrutura estelar que também tinha importantes implicações para a evolução.

A suposição de Eddington de que o material dentro de uma estrela estava constantemente sendo remexido e misturado tinha sido amplamente aceita na comunidade astronômica e implicava que todo esse material estava, em último caso, disponível como combustível. Öpik, no entanto, defendeu um modelo em camadas, no qual os produtos da fusão permaneciam no núcleo. Isso significava que o suprimento de combustível da estrela era muito mais limitado e também garantia que o núcleo ficava cada vez mais denso e mais quente com o tempo, já que seu combustível hidrogênio era fundido, virando hélio. O núcleo convectivo em agitação era rodeado por um envelope de hidrogênio muito mais profundo no qual a energia era transportada para fora fundamentalmente por radiação. Todo esse material, formando o enorme volume da estrela, normalmente não estava disponível para agir como combustível de fusão, mas isso poderia mudar em estrelas mais velhas. Elaborando uma ideia sugerida pela primeira vez por George Gamow, Öpik argumentou que a proximidade a um núcleo cada vez mais quente poderia aquecer o fundo da camada radiativa até que ela também se tornasse capaz de sustentar reações de fusão. Isso também faria com que o envelope expandisse enormemente em tamanho.

  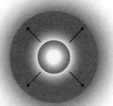

Fusão da sequência principal Queima da casca de hidrogênio Reignição do núcleo

Uma estrela passa a maior parte de sua vida fundindo hidrogênio em hélio em seu núcleo [1]. Quando o suprimento do núcleo se exaure, a fusão do hidrogênio passa para uma casca envoltória [2]. Por fim, o núcleo em contração fica denso e quente o suficiente para sustentar a fusão do hélio [3].

O modelo de camadas de Öpik se mostraria a chave para explicar os padrões de evolução, mas foram necessários alguns anos para que ele fosse amplamente aceito. George Gamow liderou tentativas para modelar a estrutura de estrelas vermelhas gigantes e sua posição na sequência evolutiva, mas foi repetidamente iludido pela crença de que as estrelas tinham de ser "bem misturadas". Foi só em 1945 que ele incorporou uma abordagem de camadas em seu modelo e mostrou que as gigantes vermelhas eram um estágio posterior na evolução de estrelas relativamente normais, no qual a fusão do hidrogênio em uma casca em torno do núcleo as faz ficar tanto mais brilhantes quanto muito maiores do que suas precursoras na sequência principal. Gamow chegou a se dar conta de que uma gigante vermelha iria acabar soltando suas camadas exteriores e expondo seu núcleo exaurido sob a forma de uma anã branca quente, mas pouco brilhante (ver página 126). Essas descobertas eram apenas os primeiros passos hesitantes na direção de explicar a complicada história da evolução após a sequência principal.

A ideia condensada: o ciclo de vida de uma estrela é determinado por sua massa ao nascer

20 Nebulosas e aglomerados de estrelas

As estrelas se originam do colapso de enormes nuvens de gás interestelar e sua formação muitas vezes acende esse gás, criando nebulosas espetaculares. Mas embora a associação entre aglomerados compactos de estrelas e nebulosas tenha sido reconhecida no início dos anos 1800, levou tempo para se descobrir como um produzia a outra.

A palavra *nebula* quer dizer "nuvem" em latim, e foi usada por observadores de estrelas tão antigos como Ptolomeu de Alexandria para descrever o punhado de objetos nebulosos no céu noturno, objetos esses que não eram obviamente compostos por estrelas individuais. Foi só com o advento do telescópio, no entanto, que astrônomos começaram a descobrir vários desses objetos. Um dos primeiros, e certamente o mais famoso catálogo de nebulosas, foi feito pelo caçador de cometas francês Charles Messier em 1771, ostensivamente para ajudar a evitar casos de identidade errônea ao esquadrinhar o céu em busca de cometas.

Duas décadas mais tarde, William Herschel revisitou os objetos do catálogo de Messier com um telescópio mais potente e conseguiu distinguir entre diversos tipos diferentes de nebulosas. Algumas se resolviam em grupos ou aglomerados de estrelas – ao menos, com um instrumento ainda mais potente, parecia que elas faziam isso – enquanto outras pareciam ser nuvens incandescentes de gás, em geral incluindo estrelas ou até aglomerados abertos de estrelas embebidas dentro delas.

Locais de nascimento de estrelas Herschel chamava essas nuvens de "fluidas brilhantes" e elas foram a primeira evidência conclusiva da existência de matéria no espaço entre as estrelas. Ao longo das duas déca-

linha do tempo

1771	1791-1811	1864
Messier desenha o primeiro catálogo de objetos astronômicos não estelares	Herschel reconhece nebulosas gasosas "fluidas brilhantes" e as liga à formação de estrelas	Huggins mostra que as nebulosas fluidas brilhantes têm natureza gasosa

das seguintes, ele voltou a estudá-las ocasionalmente, e em 1811 delineou uma teoria de que os fluidos brilhantes eram os locais de formação das estrelas. Herschel acreditava que olhando para diversas nebulosas ele seria capaz de traçar a condensação delas em estrelas individuais e aglomerados de estrelas quase que passo a passo. Entretanto, cometeu um erro significativo ao supor que as estrelas estavam se formando individualmente e que depois eram atraídas pela gravidade para formar os aglomerados: em outras palavras, os aglomerados mais compactos eram mais velhos do que os mais soltos.

O final do século XIX assistiu a avanços significativos no estudo tanto de nebulosas como de aglomerados abertos. A partir de 1864, William Huggins analisou os espectros das nebulosas e mostrou que a luz dos fluidos brilhantes de Herschel consistia de algumas poucas linhas estreitas de emissão de cores específicas, enquanto as de outros tipos de nebulosas mostravam linhas de absorção escuras contra um largo contínuo de cores diferentes. Isso provava que as nebulosas formadoras de estrelas (agora chamadas de nebulosas de emissão) tinham uma natureza principalmente gasosa e sugeria que muitas outras, com formato em espiral, combinavam a luz de um grande número de estrelas (ver página 148).

> **"Podemos conceber que, talvez na progressão do tempo, essas nebulosas... poderão estar ainda mais condensadas de modo a, de fato, se tornarem estrelas."**
>
> **William Herschel**

Enquanto isso, em 1888, o astrônomo dinamarquês-irlandês J. L. E. Dreyer publicou o Novo Catálogo Geral (NGC), uma extensa listagem de objetos não estelares na qual ele distinguiu dois tipos de aglomerados de estrelas – ligados compactamente, bolas esféricas com milhares de estrelas empacotadas e grupos mais esparsos de dúzias ou centenas de membros. Os primeiros foram subsequentemente chamados de aglomerados globulares, mas apenas os últimos, apelidados de aglomerados abertos, foram encontrados em associação com nebulosas de emissão.

A imagem de regiões de formação de estrelas ficou ainda mais complexa no início do século XX, quando o pioneiro da astrofotografia norte-americano E. E. Barnard e seu colega alemão, Max Wolf, mostraram que elas eram muitas vezes associadas a regiões opacas de poeira que absorviam luz ("ne-

1888
Dreyer distingue aglomerados estelares abertos e globulares

1929
Hertzsprung desenvolve métodos para medir a idade de aglomerados abertos a partir da cor de suas estrelas

1947
Viktor Ambartsumian identifica as primeiras associações OB

Aglomerados globulares

Além dos aglomerados abertos, Dreyer identificou um segundo tipo de aglomerado de estrelas. Esses aglomerados globulares têm estrutura muito mais concentrada e origem completamente diferente. Eles contêm centenas de milhares de estrelas cujas órbitas elípticas se sobrepõem em formas esféricas ou elípticas. Estrelas individuais são separadas dias-luz ou meses, em vez de anos. Foram encontrados aglomerados globulares próximos ao centro de galáxias ou em órbita nas regiões de halos acima e abaixo delas (ver página 139) e são quase inteiramente compostos de estrelas

anãs de pouca massa com períodos de vida de muitos bilhões de anos. Evidências espectroscópicas sugerem que faltam os elementos mais pesados encontrados em estrelas nascidas mais recentemente, de modo que podem ter sido formadas muito tempo antes do nosso Sol, nos dias iniciais do Universo. Na verdade, as ideias mais recentes ligam sua origem a colisões entre galáxias (ver página 152).

bulosas escuras"). Enquanto isso, em 1912, Vesto Slipher descobriu ainda outro tipo de nuvem interestelar no aglomerado das Plêiades. Essa "nebulosa de reflexão" brilhava refletindo a luz de uma estrela nas proximidades.

Datação de aglomerados de estrelas Ao mesmo tempo que parecia claro que as nebulosas de emissão eram os locais de nascimento das estrelas, a verdadeira sequência de eventos era frustrantemente pouco clara. Contudo, novas descobertas na compreensão dos ciclos de vida estelares e na evolução dos aglomerados começariam a dar sentido às coisas. Em 1929, por exemplo, Ejnar Hertzsprung notou uma diferença significativa nas propriedades das estrelas localizadas nos famosos aglomerados abertos das Plêiades, Presépio e Híades. As estrelas mais brilhantes das Plêiades são todas quentes e azuis, enquanto que Presépio e especialmente Híades contêm mais estrelas laranjas e vermelhas. Alguns anos mais tarde ficou claro que as diferenças nas cores eram uma indicação das idades relativas dos aglomerados: as estrelas mais brilhantes e mais massivas eram mais quentes e mais azuis durante a sequência principal de seus períodos de vida, mas envelheciam muito mais depressa, saindo da sequência principal para se tornarem ainda mais brilhantes, embora mais frias, gigantes com apenas alguns poucos milhões de anos. Portanto, quanto mais velho um aglomerado, mais gigantes vermelhas luminosas ele contém.

A capacidade de botar aglomerados em ordem cronológica mostrou que a teoria de Herschel a respeito de os aglomerados ficarem mais densos ao longo do tempo precisava ser revertida. Na verdade, os aglomerados mais densos são os mais jovens e vão ficando sucessivamente mais esparsos ao longo de milhões de anos. Em 1947, o astrônomo armênio Viktor Ambartsumian fez mais uma descoberta quando identificou as primeiras associações OB. Esses grupos de estrelas razoavelmente jovens, quentes, brilhantes, estão espalhadas por áreas muito mais amplas do espaço, mas mostram movimentos próprios que podem acabar sendo traçados de volta ao mesmo ponto. A descoberta de Ambartsumian foi a confirmação final de que estrelas nascem como aglomerados abertos compactos dentro de nebulosas antes de lentamente se espalharem pelo espaço. Hoje sabemos que esse mecanismo de dispersão principal envolve passagens próximas entre estrelas que acabam sendo catapultadas para fora do aglomerado em diferentes direções – algumas vezes em velocidades muito altas.

O grupo em movimento da Ursa Maior

Algumas vezes aglomerados abertos ficam juntos durante um tempo surpreendentemente longo – por exemplo, diversas dúzias de estrelas amplamente dispersas, inclusive 5 membros da famosa Big Dipper, ainda compartilham um movimento comum, atravessando o céu, como o chamado Ursa Major Moving Group (grupo em movimento da Ursa Maior). Esse grupo, cujos membros se formaram todos na mesma nebulosa há cerca de 300 milhões de anos, foi descoberto por um astrônomo e escritor inglês, Richard A. Proctor, em 1869.

Em meados do século XX já não havia mais dúvidas a respeito dos locais de nascimento das estrelas, mas seria necessária uma revolução na tecnologia da observação para que os astrônomos realmente entendessem o processo envolvido (ver página 86). Outra questão fundamental era exatamente o que detonava o colapso inicial das nebulosas para que elas criassem aglomerados de estrelas? Diversos mecanismos foram apresentados, de forças de marés levantadas por estrelas de passagem a ondas de choques de explosões de supernovas, mas embora eventos casuais desse tipo sem dúvida tivessem um papel a desempenhar, o mecanismo principal logo se mostraria estar associado com a estrutura mais ampla da nossa galáxia e de outras (ver página 140).

A ideia condensada: nuvens de gás no espaço são o local de nascimento de novas estrelas

21 O nascimento de estrelas

Em meados do século XX, as estrelas eram compreendidas como se originando em densos aglomerados, formadas por nuvens de gás que entravam em colapso na nebulosa de emissão. Entretanto, foi necessária a chegada da astronomia da era espacial para revelar novos detalhes dentro dessas nebulosas de emissão e explicar os processos específicos envolvidos na formação da estrela.

As primeiras pistas para o mecanismo exato do nascimento das estrelas apareceram em 1947, quando o astrônomo Bart Bok enfatizou a presença de nuvens opacas, relativamente pequenas, dentro das nebulosas que formavam estrelas. Bok sugeriu que esses glóbulos, com diâmetros de até 1 ano-luz, fossem casulos dentro dos quais sistemas estelares individuais estavam se formando.

Durante um longo tempo essa hipótese ficou sem ser provada simplesmente porque os glóbulos de Bok eram de natureza opaca. Mas à medida que a astronomia com base no espaço começou a se desenvolver nos anos 1970, foi finalmente possível abordar tais problemas. Em particular, o Satélite Astronômico Infravermelho (IRAS), uma colaboração internacional, lançado em 1983, entregou uma visão completamente nova do céu. O IRAS só ficou operacional durante 10 meses, mas nesse tempo mapeou 96% do céu em 4 diferentes comprimentos de ondas infravermelhas, gerando uma coleção de dados que manteve os astrônomos ocupados durante anos.

Luz na escuridão A radiação infravermelha, com comprimentos de onda maiores e menos energéticas do que a luz visível, é emitida por todos os objetos no Universo e penetra através de poeira opaca, como a existente dentro dos glóbulos de Bok. Em 1990, os astrônomos João Lin Yun e Dan Clemens anunciaram que muitos glóbulos coincidiam com fontes de infra-

linha do tempo

1852	1940s	1947	1954
John Russell Hind descobre T Tauri, uma arquetípica estrela variável pré-sequência principal	George Herbig e Guillermo Haro estudam pequenas nebulosas encontradas próximas a jovens estrelas individuais	Bok identifica glóbulos opacos compactos dentro de nebulosas formadoras de estrelas	Viktor Ambartsumian sugere que os objetos Herbig-Haro se formam quando estrelas T Tauri ejetam matéria durante sua formação

vermelho nos dados do IRAS, como se podia esperar, caso eles estivessem escondendo jovens estrelas pré-sequência principal.

Poucos anos mais tarde, em 1995, o Telescópio Espacial Hubble tirou a famosa foto Pilares da Criação. Aproximando uma região de formação de estrelas chamada Nebulosa da Águia (Messier 16) com um zoom sem precedentes para a captação de detalhes, essa imagem revelou torres de gás e poeira opacos, das quais saíam estranhos troncos e tentáculos. Halos reluzentes em torno dos Pilares mostravam que eles estavam evaporando sob torrentes de radiação vinda de estrelas massivas das imediações. Jeff Hester e Paul Scowen, que fizeram a imagem, interpretaram o formato dos Pilares como regiões mais densas dentro da nebulosa maior – e mais capazes de suportar os efeitos da radiação. As formas parecidas com troncos aparecem quando um nó de material em torno de uma estrela que está se aglutinando (um glóbulo de Bok) permanece intacto, mesmo que seus arredores tenham sido evaporados.

Desde que aquela foto original foi tirada foram também tomadas várias outras vezes imagens dos Pilares e de outras regiões de formação de estrelas, tanto em luz visível como em infravermelho, e a mesma história parece se repetir inúmeras vezes. A radiação intensa vinda de uma geração inicial de estrelas recém-nascidas massivas e luminosas escava buracos na nebulosa ao redor. Pilares e filamentos emergem de suas paredes, marcando locais onde a formação de estrelas ainda está em andamento. Os efeitos dessa radiação, levando para fora material da nebulosa – junto com as ondas de choque quando essas estrelas precoces explodem como supernovas (ver capítulo 30) – efetivamente limitam o crescimento de seus irmãos mais novos no aglomerado. De acordo com um estudo de 2001, apenas um terço do gás na nebulosa original acaba sendo incorporado em suas estrelas, e o processo de formação de estrela dura apenas alguns poucos milhões de anos, no máximo, antes de todo o gás ser perdido. Na grande maioria dos casos, a perda de tanta massa faz com que o aglomerado nascente perca sua integridade gravitacional, sofrendo "mortalidade infantil" quando suas estrelas e protoestrelas compo-

> **"Estrelas [T Tauri] nasceram naquelas nuvens escuras... e não houve tempo suficiente para que elas se afastassem muito de seus locais de nascimento."**
>
> George Herbig

1961
Hayashi descreve os detalhes da evolução pré-sequência principal em termos de trajetos no diagrama H-R

1990
Yun e Clemens ligam glóbulos de Bok a fortes fontes de radiação infravermelha, sugerindo que essas fontes tenham estrelas embebidas dentro delas

1995
O Telescópio Espacial Hubble fotografa as estruturas dos "Pilares da Criação" dentro da Nebulosa da Águia

nentes se separam. Apenas uma minoria sobrevive para se tornar aglomerados de estrelas abertos, maduros, que contêm entre uma centena e poucos milhares de estrelas e podem se manter unidos durante dezenas de milhões de anos.

Estrelas bebês Um único glóbulo de Bok pode produzir apenas uma estrela, ou um sistema binário ou múltiplo se ele se condensar em dois ou mais núcleos distintos. Modelagem computacional sugere que o colapso inicial é bastante rápido, com a formação de protoestrelas quentes, densas, em dezenas de milhares de anos. Elas permanecem embebidas em uma nuvem mais larga de matéria em rotação, que, no entanto, aos poucos se achata em um amplo disco de acreção. À medida que a gravidade da protoestrela fica mais forte, ela continua a atrair mais material, mas radiação vinda do núcleo cada vez mais quente retarda a velocidade de atração e campos magnéticos afunilam material em jatos que escapam de cima e de baixo do disco. Acontece que essa combinação de um forte vento estelar e campos magnéticos transfere momento angular ao disco, diminuindo a velocidade de rotação da estrela e acelerando a velocidade de rotação do material em torno, resolvendo um velho dilema a respeito das origens do nosso próprio sistema solar (ver página 18).

Uma estrela como o Sol pode passar 10 milhões de anos ou mais como uma protoestrela, emitindo radiação infravermelha enquanto fica cada vez mais quente e mais energética. Ela acaba brilhando em luz visível, motivo pelo qual é dita ter se tornado uma estrela T Tauri. Esses objetos são grandes, avermelhados e mais luminosos do que as estrelas que ela virão a ser. Como adquirem a maior parte de sua energia da contração gravitacional em vez de reações de fusão nuclear (ver página 74), elas têm uma variação imprevisível.

Uma típica fase T Tauri dura 100 milhões de anos ou mais, sendo que du-

---

Estrelas bebês maciças

Em 1960 o astrônomo norte-americano George Herbig descobriu uma classe diferente de variáveis azul-brancas imprevisíveis, agora chamadas estrelas Herbig Ae/Be. Elas mostraram ser um estágio precoce no nascimento de estrelas mais pesadas do que o Sol (pesando de 2 a 8 massas solares). Do mesmo modo que as estrelas T Tauri, essas monstruosas estrelas bebês são rodeadas por discos de materiais, partes dos quais ainda estão se acrescendo a elas enquanto a maior parte do restante está sendo ejetado para o espaço interestelar. As pesquisas sugerem que essas jovens estrelas de grande massa não seguem de jeito algum o trajeto vertical Hayashi no diagrama H-R. Elas já são altamente luminosas ao se tornarem visíveis e simplesmente encolhem com o tempo, movimentando-se ao longo do trajeto Henyey horizontal e rapidamente aumentando sua temperatura superficial para chegar à extremidade superior da sequência principal. Estágios precoces na evolução das estrelas mais massivas de todas (pesando dezenas de massas solares) não são tão bem compreendidos, mas parece certo que também elas se movem ao longo do trajeto Henyey no início de suas curtas vidas.

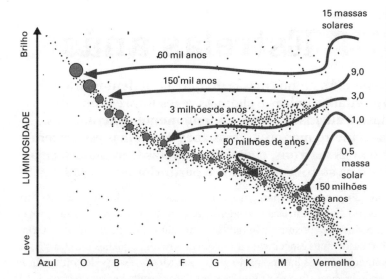

Este diagrama H-R mostra as trajetórias Hayashi e Henyey de estrelas recém-nascidas se aproximando da sequência principal.

rante esse tempo a estrela aos poucos se contrai e há mudança no transporte de sua energia interna. Em 1961, o astrofísico Chushiro Hayashi mapeou o que essas mudanças significavam em termos do diagrama de Hertzsprung-Russell. Estrelas pré-sequência principal se tornam menos luminosas à medida que ficam mais densas, inicialmente permitindo que elas retenham a mesma temperatura superficial. Estrelas com menos da metade da massa do Sol seguem essa "trajetória Hayashi" até que seus núcleos estejam densos o suficiente para que comece a fusão próton-próton, e elas se estabilizam como anãs vermelhas (ver página 90). Estrelas com até o dobro da massa do Sol, no entanto, mudam a direção de sua evolução quando seus interiores se tornam quentes o suficiente para desenvolver uma zona de radiação (ver página 74). Elas retêm a mesma luminosidade enquanto continuam encolhendo, levando a um aumento na temperatura superficial (a chamada "trajetória de Henyey"). Em ambos os casos, o início da fusão próton-próton marca o ponto em que a estrela entra para a sequência principal, começando o período mais longo e mais estável de sua vida.

A ideia condensada: a astronomia infravermelha mostra como nascem as estrelas

22 Estrelas anãs

Estrelas com menos massa do que o Sol demonstram propriedades únicas e algumas vezes impressionantes, inclusive atividade surpreendentemente violenta. Nas massas muito menores, essas anãs vermelhas escurecem como anãs marrons, chamadas estrelas fracassadas, cuja existência só foi confirmada a partir dos anos 1990.

Falando do ponto de vista técnico, quase todas as estrelas são anãs, inclusive o nosso Sol, e estrelas consideravelmente mais massivas e luminosas, como Sirius (ver boxe na página 91). Entretanto, de modo geral, o termo "anã" é usado mais especificamente para descrever pequenas estrelas significativamente menos luminosas do que o Sol. Mesmo isso pode confundir, já que anãs brancas, que são resquícios estelares exauridos (ver página 126), são objetos distintamente diferentes das anãs vermelhas, que são apenas estrelas comuns da sequência principal com massa muito baixa. As duas, por sua vez, são diferentes de estrelas anãs marrons, que nem sequer se encaixam na definição usual de uma estrela.

A luminosidade das estrelas varia muito mais amplamente do que suas massas, e do mesmo modo como estrelas peso-pesadas podem ser 100 mil vezes mais brilhantes do que o Sol, também as estrelas menos massivas podem ser 100 mil vezes mais fracas. Uma estrela com metade da massa do Sol (em geral, considerada o limite superior para uma anã vermelha) brilha com apenas 1/16 de sua luz, mas uma estrela com 0,2 da massa solar tem cerca de 1/200 da luminosidade do Sol. Isso significa que em sua grande maioria as anãs vermelhas são muito fracas. Durante muito tempo os únicos exemplos conhecidos eram aquelas na nossa soleira cósmica, como a Estrela de Barnard (ver página 198) e a Proxima Centauri, a estrela mais próxima do Sol. Embora a uma distância de apenas 4,25 anos-luz, essa anã com 0,12 massa solar é 100 vezes mais fraca do que a estrela mais fraca a olho nu e só foi descoberta em 1915.

A abundância de anãs vermelhas em nossa galáxia só se tornou clara com o lançamento dos primeiros telescópios espaciais de infravermelho nos anos

linha do tempo

1915	1962	1948
Robert Innes descobre a Proxima Centauri, uma esmaecida anã vermelha e a estrela mais próxima ao Sol	Kumar prevê a existência de abundantes estrelas fracassadas de pouca massa, mais tarde batizadas de anãs marrons	Jacob Luyten descobre a estrela BL Ceti, próxima, a primeira anã a mostrar evidente atividade de explosão estelar

1980. As assinaturas de calor dessas estrelas fracas são muito mais significativas do que sua produção de luz visível, e mapas do céu infravermelho mostraram que anãs vermelhas superam imensamente o número de outras estrelas, talvez dando conta de ¾ de todas as estrelas na Via Láctea.

Estrutura das anãs Uma diferença importante entre anãs vermelhas e estrelas mais massivas, e que define um limite superior de massa para essas estrelas, é o fato de que elas não transportam energia internamente através de radiação. Em vez disso, o interior delas é inteiramente convectivo, e o material que ele contém é constantemente misturado e reciclado. Essa mistura transporta os produtos de hélio da fusão nuclear para fora da região do núcleo e o substitui com hidrogênio fresco, garantindo que todo o material da estrela esteja disponível para uso como combustível para fusão. Isso somado à velocidade naturalmente mais lenta com que a fusão ocorre, graças à menor temperatura do núcleo, significa que anãs vermelhas podem teoricamente sustentar a fusão próton-próton (e permanecer na sequência principal) durante trilhões de anos – muito mais do que qualquer outra estrela.

O núcleo de uma anã vermelha emite para fora muito menos radiação do que o Sol, significando que há menos pressão para fora para sustentar suas camadas exteriores. Portanto, essas estrelas são muito menores e mais densas do que apenas sua massa poderia sugerir. A Proxima Centauri é apenas 40% maior do que Júpiter e cerca de 40% mais densa do que o Sol, em mé-

> **Definição de anãs**
>
> De acordo com a definição original de Ejnar Hertzsprung, uma anã é simplesmente uma estrela que obedece a relação amplamente disseminada entre temperatura estelar e luminosidade e que, portanto, fica na sequência principal do diagrama de Hertzsprung-Russell. O termo "anã" originalmente era usado para distinguir essas estrelas das gigantes – as estrelas altamente luminosas de todas as cores encontradas ao longo do topo do diagrama H-R, mas, com o tempo, a terminologia ficou confusa.
>
> E mais, à esquerda superior do diagrama, anãs azuis altamente luminosas e gigantes são praticamente indistinguíveis com base só na cor e na luminosidade – elas só podem ser separadas se informações adicionais confirmarem se uma estrela está ainda fundindo hidrogênio em seu núcleo. O uso da expressão "anã branca" para remanescentes estelares exauridos que não ficam em lugar algum perto da sequência principal (ver página 126) só aumenta a confusão.

1995
Rebolo *et al.* descobrem a primeira estrela anã marrom confirmada, Teide 1

2006
Michael Marks e Pavel Kroupa encontram um limite inferior de massa para estrelas, de 0,083 massa solar, com base nas estrelas mais fracas em um aglomerado globular

dia. Essa alta densidade, junto com a estrutura convectiva da anã vermelha, pode ter efeitos pouco comuns.

A primeira evidência de que anãs poderiam mostrar atividade espetacular veio do astrônomo holandês-americano Jacob Luyten, que nos anos 1940 descobriu uma estranha variação no espectro de diversas anãs próximas.

> **"Estrelas com massa abaixo de determinada massa crítica continuariam a se contrair até que se tornassem objetos completamente degenerados."**
>
> Shiv S. Kumar

Uma em particular, a estrela mais brilhante em um par binário a uns 8,7 anos-luz na constelação de Cetus, estava também propensa a enormes aumentos, embora de curta duração, no brilho. Em uma erupção, em 1952, por exemplo, essa estrela UV Ceti aumentou o brilho 75 vezes em uma questão de segundos. Lá pelos anos 1970, estava claro que os rompantes da estrela ocorreram não apenas em luz visível, mas também em ondas de rádio e raios x de alta energia, e eram muito semelhantes às explosões solares, embora numa escala muito maior. Hoje os astrônomos percebem que muitas anãs vermelhas são também chamadas estrelas ativas. A densidade dessas estrelas e a agitação convectiva em seu interior geram campos magnéticos muitos mais potentes e concentrados em muito maior número do que os vistos em estrelas como o Sol. Como resultado, eventos de "reconexão" magnética podem liberar até 10 mil vezes mais energia do que aqueles que detonam as explosões no Sol, com resultados espetaculares.

Anãs marrons De acordo com a maior parte dos modelos de fusão nuclear, uma estrela deve ter pelo menos 0,08 vezes a massa do Sol para que as temperaturas e pressões em seu núcleo sustentem uma reação próton-próton em cadeia. Essa é, portanto, uma linha de corte para as estrelas, mas há muitos objetos abaixo dessa massa que se formaram do mesmo modo que as estrelas e ainda conseguem bombear para fora quantidades substanciais de radiação infravermelha e visível. Essas "estrelas fracassadas", conhecidas como anãs marrons, continuam quentes pela contração gravitacional e pela fusão nuclear do isótopo de hidrogênio pesado, deutério, de condições menos exigentes. A existência delas foi teorizada nos anos 1960 pelo astrônomo Shiv Kumar (embora o nome tenha sido cunhado um pouco mais tarde).

Durante os anos 1980, foram descobertos objetos discutíveis com propriedades limítrofes, mas em 1995 foi encontrada a primeira anã marrom. Localizada por uma equipe espanhola liderada por Rafael Rebolo, Teide 1 era um objeto minúsculo embebido no distante aglomerado de estrelas Plêiades. O indício revelador de sua identidade foi a evidência de lítio em seu espectro, já que até as estrelas verdadeiras mais leves não são quentes o suficiente para destruir todos os traços desse elemento por meio de fusão nuclear.

Tempo na anã marrom

Exatamente como as estrelas, as anãs marrons podem ser classificadas pelo tipo espectral de acordo com sua temperatura e as linhas de absorção encontradas em suas atmosferas. As anãs marrons mais brilhantes, bem como as anãs vermelhas mais fracas, têm classe espectral M (ver página 64), mas daqui os pesquisadores acrescentaram as novas classes L, T e Y. À medida que essas estrelas vão esfriando, moléculas cada vez mais complexas podem persistir em suas atmosferas. Estudos recentes mostraram variações no infravermelho liberado por anãs marrons fracas que parecem ter sido causadas por enormes estruturas como nuvens (do tamanho de planetas) movendo-se em suas atmosferas e temporariamente bloqueando o escape de calor vindo de dentro. As nuvens são empurradas para lá e para cá sob a influência de ventos extremos – como pode ser esperado, o tempo nas anãs marrons é ainda mais violento do que nas gigantes de gás, como Júpiter.

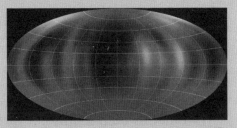

Mapa do tempo na anã marrom Luhman 16B

Desde então, outras anãs marrons foram encontradas, inclusive muitas embebidas em famosas nebulosas de formação de estrelas na nossa soleira cósmica e muitas vezes em órbita em torno de outras estrelas anãs. Estimativas de suas massas sugerem que a menor anã marrom pode, na verdade, ser menos massiva do que o maior dos planetas gigantes de gás, sendo que o fator de diferenciação entre os dois tipos de objetos é seu modo de formação.

A ideia condensada: as estrelas menores são também as mais abundantes

23 Estrelas binárias e múltiplas

O status do nosso Sol como estrela solitária o caracteriza como minoria. Hoje, sabemos que, em sua maior parte, as estrelas na Via Láctea são membros de sistemas estelares binários ou múltiplos. A distância e a idade idênticas das estrelas em tais sistemas podem revelar fatos importantes a respeito da evolução estelar.

Embora os poucos milhares de estrelas visíveis a olho nu a partir da Terra pareçam ter uma distribuição mais ou menos aleatória pelo céu, até um observador de estrelas sem a ajuda de instrumentos pode identificar algumas que parecem ser exceções. Pareamentos próximos no céu são em geral conhecidos como estrelas duplas, e talvez o exemplo mais famoso seja Mizar e Alcor, a estrela do meio na cauda da grande Ursa Maior. Astrônomos antigos não davam muita importância a isso: se a distribuição de estrelas era realmente aleatória, então poderiam-se esperar alguns pares próximos. Entretanto, quando o astrônomo italiano Benedetto Castelli apontou um telescópio primitivo para o sistema de estrelas, no início de 1617, ele encontrou outra coisa. Embora Mizar apareça como uma estrela isolada a olho nu, ela própria é, de fato, um pareamento próximo de duas estrelas brancas, cada uma com brilho a olho nu.

Esse alinhamento próximo de duas estrelas brilhantes ocorrer simplesmente por acaso é muito menos provável do que as vagamente associadas Mizar e Alcor, mas isso foi muito tempo antes de que alguém pensasse adequadamente nas implicações. A primeira pessoa a sugerir que as estrelas gêmeas de Mizar eram realmente vizinhas no espaço foi o filósofo inglês John Michell, em 1767. Depois, em 1802, William Herschel produziu evidência estatística – com base em um levantamento meticuloso dos céus – de que estrelas duplas próximas eram comuns demais para serem explicadas por alinhamentos que ocorressem por acaso.

linha do tempo

1617
Castelli descobre a primeira estrela dupla telescópica, Mizar, na Ursa Maior

1783
Goodricke propõe um mecanismo de eclipse para explicar a estrela variável Algol, em Perseu

1804
Herschel demonstra que as duas estrelas da Alula Australis estão em órbita em torno uma da outra

Órbitas binárias   Herschel argumentou que elas deveriam ser estrelas "binárias", mantidas fisicamente em órbita em torno uma da outra por sua atração gravitacional mútua. Em 1804, ele encerrou o argumento mostrando que as duas estrelas da Alula Australis (outra dupla próxima na Ursa Maior, que tinha sido descoberta 24 anos antes) tinham alterado sua orientação relativa, provando que estavam orbitando em torno uma da outra. Em 1826, o par tinha sido observado de perto o bastante para que o astrônomo francês Félix Savary analisasse a órbita delas em detalhe. Ele mostrou que essas duas estrelas, com aproximadamente a massa solar, seguiam órbitas elípticas de 60 anos, com uma separação que variava entre 12 e 39 unidades astronômicas.

> **É fácil provar... que duas estrelas possam estar tão conectadas a ponto de traçarem círculos, ou elipses semelhantes, em torno de seu centro de gravidade comum.**
> William Herschel

À medida que os telescópios avançaram no século XIX, mais estrelas binárias, e até sistemas múltiplos contendo mais de dois componentes foram descobertos. Logo ficou claro que a distância entre estrelas em tais sistemas variava imensamente: elas podiam estar separadas por distâncias interplanetárias de algumas unidades astronômicas, ou distâncias interestelares de 1 ano-luz ou mais.

Binárias e múltiplas também ajudaram astrônomos a começar a entender as relações entre estrelas. Por exemplo, como todas as estrelas num sistema estão à mesma distância da Terra, diferenças em suas magnitudes aparentes correspondem a diferenças em sua luminosidade verdadeira. Se podemos estabelecer o tamanho da órbita de cada estrela, então podemos calcular sua massa relativa, e já que podemos supor que todas as estrelas de um sistema se formaram ao mesmo tempo, podemos até começar a ver como propriedades, tais como massa, afetam sua evolução ao longo do tempo.

Binárias espectroscópicas   A observação direta impõe limites aos tipos de estrelas múltiplas que podem ser descobertas. Não importa o quão potente se tornaram os telescópios, se as estrelas estiverem muito próximas de si ou muito distantes da Terra, elas vão se fundir em um único ponto de luz. No fim do século XIX, no entanto, foi descoberto um novo método para encontrar estrelas múltiplas.

1889	1901	1903
Maury e Pickering identificam a Mizar A como a primeira estrela binária espectroscópica	Vogel deduz as propriedades físicas das duas estrelas em Mizar A a partir de dados espectroscópicos	Gustav Müller e Paul Kempf descobrem W Ursae Majoris, o primeiro sistema binário de contato conhecido

Binárias eclipsantes

Em determinadas situações, estrelas binárias próximas demais para serem separadas com um telescópio podem ser detectadas por meio de seu efeito sobre a luz do sistema geral. A primeira dessas estrelas a ser descoberta, Algol (Beta Persei), já era conhecida desde tempos antigos como o "demônio tremeluzente". Ela foi descrita mais ou menos acuradamente até mesmo antes de Herschel ter decidido o caso das estrelas binárias físicas.

Em 1783, o astrônomo amador inglês John Goodricke, aos 18 anos de idade, notou que Algol normalmente tem um brilho constante de magnitude 2,1, mas cai subitamente a 3,4 durante cerca de 10 horas em um ciclo que se repete a cada 2 dias e 21 horas. Ele sugeriu que essa variabilidade era melhor explicada se Algon orbitasse em torno de um corpo mais escuro, que passa pela face da estrela e parcialmente bloqueia sua luz uma vez em cada órbita. A ideia – o primeiro mecanismo proposto a explicar uma estrela variável de qualquer tipo – o levou a ser premiado com a prestigiosa Medalha Copley da Royal Society. Foi só nos anos 1880 que Pickering e sua equipe de Harvard mostraram que o corpo mais apagado em órbita é uma estrela por si mesma. Algol é hoje considerada uma binária eclipsante, um protótipo dessa classe importante de estrelas variáveis.

Curiosamente, foram estudos de Mizar que lideraram o caminho mais uma vez. Como parte de seu projeto para catalogar os tipos espectrais e a química das estrelas (ver página 64), o astrônomo de Harvard, William Pickering, coletou espectros dos dois elementos das estrelas gêmeas ao longo de setenta noites entre 1887 e 1889, e encarregou Antonia Maury, de 22 anos, de realizar a análise desse material. Maury logo identificou uma característica estranha no espectro da estrela mais brilhante, Mizar A. A linha escura K, significando a presença de cálcio em sua atmosfera, aparecia nítida e bem definida em alguns espectros, mas larga e indistinta em outros, e em 3 placas fotográficas, ela tinha se dividido em duas linhas distintas.

Maury percebeu que esse efeito de "duplicação de linha" estava ocorrendo a cada dois dias, e Pickering corretamente identificou o motivo: Mizar A, na verdade, consistia de duas estrelas em uma órbita apertada em torno uma da outra. As duas estrelas contribuem para o espectro geral, mas o desvio da linha K revela que suas emissões de luz são Doppler contínuo desviado à medida que muda seu movimento em relação à Terra (ver página 64). Em alguns pontos de suas órbitas, uma estrela estará se movendo na direção da Terra, fazendo com que os comprimentos de onda de sua luz sejam encurtados e a linha K se desvie na direção da extremidade azul do espectro, enquanto a outra estrela simultaneamente se move para longe da Terra, sua luz vai ficando mais longa e mais avermelhada. Em outras vezes a situação é revertida, ou as estrelas estão se movendo de lado em relação à Terra, de modo que o efeito Doppler desaparece.

Mizar A tornou-se a primeira numa nova classe de binárias espectroscópicas, que lentamente revelaram uma verdade de que a vasta maioria das estrelas

Binárias em contato

Em alguns sistemas binários, os componentes parecem estar tão próximos que mudanças evolutivas no tamanho de uma ou de duas estrelas as levam diretamente ao contato uma com a outra. Isso acontece quando uma estrela transborda o lóbulo Roche, que restringe sua influência gravitacional. Nesse cenário as duas estrelas formam uma variável w Ursae Majoris, uma binária eclipsante cuja emissão de luz está variando constantemente. Transferências substanciais de massa de uma estrela para outra ao longo de milhões de anos podem até alterar o trajeto evolutivo de uma ou das duas estrelas.

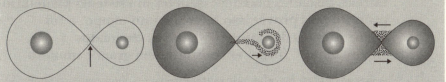

Durante seus períodos de vida na sequência principal, as duas estrelas estão dentro de seus lóbulos de Roche.

À medida que a estrela mais maciça incha para se tornar uma gigante, material é transferido para a sua vizinha.

Eventualmente a estrela menor pode também inchar até ficar gigante. Material agora flui nas duas direções.

na nossa galáxia fica dentro de sistemas binários ou múltiplos. No mesmo grau de importância, Pickering percebeu que essas estrelas ofereciam um potente novo instrumento para astrônomos: usando a velocidade e o período orbital, pode-se calcular a distância entre as estrelas. E medir diretamente suas massas é possível usando a Lei da Gravitação Universal de Newton. Foram necessários alguns anos até se acertar o método (a órbita de Mizar A acabou sendo resolvida pelo astrônomo alemão Hermann Vogel, em 1901), mas a capacidade de medir diretamente essas propriedades de estrelas distantes e, de fato, a mera existência de sistemas binários e múltiplos, viria a ter uma influência enorme sobre a astronomia do século xx.

A ideia condensada: estrelas isoladas como o nosso Sol estão em minoria

24 Em busca de exoplanetas

Uma vez que os astrônomos começaram a aceitar que não há nada de especial no nosso Sol ou no nosso lugar na Via Láctea, ficou difícil pensar em um motivo para que estrelas distantes não devessem ter um sistema planetário próprio. Mas provar isso levaria muito tempo, e foi apenas depois dos anos 1990 que os chamados "exoplanetas" foram encontrados em grande número.

A busca por planetas orbitando outras estrelas foi durante muito tempo dificultada pelas limitações da tecnologia. Entretanto, a descoberta da Estrela de Barnard em 1916, trouxe com ela as primeiras esperanças de se encontrarem planetas alienígenas. Essa pálida anã vermelha estava enumerada nos catálogos estelares, mas o astrofotógrafo E. E. Barnard foi o primeiro a reconhecer seu movimento próprio, particularmente alto, contra as estrelas de fundo. Movimentos equivalentes à largura de uma Lua cheia a cada 180 anos indicaram que a Estrela de Barnard estava próxima ao nosso próprio sistema solar, e medidas de paralaxe (ver página 60) logo confirmaram que estava a apenas 6 anos-luz da Terra, a quarta estrela mais próxima do Sol.

Um falso começo O astrônomo holandês Peter van de Kamp logo percebeu que o movimento rápido da Estrela de Barnard poderia fazer com que qualquer bamboleio em seu trajeto fosse especialmente notado devido à atração gravitacional de planetas maiores. Durante três décadas, começando em 1937, ele rastreou regularmente a posição exata da estrela e, por fim, em 1969, publicou provas da existência de dois planetas da classe de Júpiter. Mas suas observações se mostraram de difícil replicação por outros, e lá pelos anos 1980 a maior parte concluiu que Kamp estava enganado, talvez devido a falhas em seu equipamento. O caso da Estrela de Barnard deixou muitos astrônomos chateados e houve predominância de uma opinião mais cética. A maior parte supôs que os planetas em torno de outras estrelas

linha do tempo

1969	1992	1995
Van de Kamp publica evidências errôneas de planetas em órbita em torno da Estrela de Barnard	Wolszczan e Frail descobrem os primeiros planetas pulsares conhecidos orbitando PSR B1257+12	Mayor e Queloz anunciam a descoberta de 51 Pegasi B, o primeiro exoplaneta em torno de uma estrela normal

eram, por algum motivo, muito raros. Felizmente, não demorou muito antes que essa mesma postura fosse solapada por um novo método mais sensível para encontrar planetas.

Sucesso, finalmente A ideia de detectar planetas em torno de outras estrelas pelas medidas das mudanças em sua velocidade *radial* (movimento na direção ou no sentido oposto à Terra) foi proposta ainda em 1952, por Otto Struve. Esse astrônomo ucraniano-americano sugeriu que, assim como as binárias espectroscópicas revelam sua natureza verdadeira por meio de desvios Doppler para frente e para trás nas linhas espectrais, à medida que seus componentes se movem na direção de, ou se afastando da Terra (ver página 96), do mesmo modo a influência de um planeta sobre sua estrela seria mostrada se fosse empregado um espectrógrafo suficientemente sensível.

O problema, no entanto (como Van Kamp tinha descoberto), é que um planeta exerce muito pouca influência sobre sua estrela. Dependendo das massas relativas e do tamanho da órbita do planeta, a maior disruptura que se pode esperar seria uma oscilação da ordem de alguns metros por segundo, em uma velocidade média em geral medida em quilômetros por segundo. A detecção de variações tão minúsculas significaria dividir a luz da estrela em um espectro muito amplo com "alta dispersão", o que estava além da tecnologia da época. Entretanto, os avanços dos anos 1980 produziram os primeiros "espectrógrafos Echelle" adequados

> ### Planetas de pulsares
>
> Os primeiros planetas a serem descobertos em torno de outras estrelas foram na realidade encontrados poucos anos antes de 51 Pegasi b. Entretanto, eles não atraíram muita atenção porque as condições nas quais foram encontrados eram inimigas da vida. Em 1992, os astrônomos Aleksander Wolszczan e Dale Frail anunciaram a descoberta de dois planetas orbitando em torno de um pulsar designado PSR B1257+12, a uns 23 mil anos-luz de distância na constelação de Virgem (ver página 130). Um terceiro planeta veio em seguida, em 1994. Diversos sistemas planetários já foram encontrados por meio de análises cuidadosas de mudanças minúsculas nas precisas explosões de radiação que ocorrem quando um pulsar é puxado em diferentes direções por seus mundos em órbita. Esses planetas têm pouca probabilidade de terem sobrevivido à explosão da supernova na qual o pulsar foi formado. Em vez disso, imagina-se que eles nasceram numa fase secundária da formação do planeta, a partir de detritos de uma estrela companheira destruída.

1999
O primeiro exoplaneta é descoberto usando-se o método do trânsito

2009
A NASA lança sua missão Kepler de caça a planetas, levando à identificação de milhares de novos exoplanetas

para analisar a fraca luz das estrelas. Esses instrumentos usam um par de redes de difração para criar um espectro largo, em conjunção com fibras óticas para alimentar as redes com luz vinda de estrelas individuais.

O instrumento ELODIE, operado por Michel Mayor e Didier Queloz no Observatório de Haute Provence, em 1993, foi projetado especificamente para procurar exoplanetas, e logo provou seu valor. Em 1995, Mayor e Queloz puderam anunciar a descoberta de um planeta com pelo menos a metade da massa de Júpiter em órbita em torno da relativamente próxima estrela 51 Pegasi B. Essa foi a primeira de diversas dessas descobertas do ELODIE e suas contrapartidas no hemisfério sul.

Trânsitos e outros métodos Poucos anos depois dessas descobertas iniciais, uma técnica ainda mais eficaz teve seu primeiro sucesso. O método do trânsito envolve medir a pequena queda na saída de luz total de uma estrela quando um planeta passa diretamente na sua frente. Como o tamanho da estrela é relativamente fácil de calcular a partir de suas características espectrais (ver página 67), a queda relativa em sua emissão de luz revela o tamanho do planeta em trânsito. Claramente, o trânsito só ocorre em casos raros, quando a órbita de um planeta está diretamente alinhada com a Terra, mas dada a sensibilidade de fotômetros medidores de luz modernos, atualmente essa é a maneira mais prática de se identificar exoplanetas de pouca massa do tamanho da Terra.

> **"A missão do Telescópio *Kepler*, da NASA, é retirar a venda de nossos olhos e nos revelar exatamente como o nosso mundo doméstico é previsível."**
>
> **Seth Shostak**

O primeiro exoplaneta em trânsito a ser descoberto, em 1999, orbita uma obscura estrela do tipo do Sol catalogada como HD 209458, a 150 anos-luz de distância, em Pégaso. Os astrônomos já sabiam que essa estrela tinha um planeta em uma órbita fechada graças a medidas de velocidade radial, mas o trânsito confirmou que ele tinha um raio de aproximadamente 1,4 vezes o de Júpiter. Desde que essa primeira descoberta do Observatório Keck, no Havaí, telescópios identificadores de trânsito baseados em satélites têm sido o método de maior sucesso para a caça a planetas. O primeiro, uma missão francesa chamada COROT, operou entre 2006-2012, enquanto o instrumento da NASA, Kepler (ver boxe na página 101) veio mais tarde. Uma localização em órbita permite que um telescópio monitore continuamente o brilho de todo um campo de estrelas durante longos períodos sem interrupção, fazendo com que seja mais fácil detectar planetas em órbitas mais longas.

Propriedades planetárias Tipos diferentes de técnicas de caça aos planetas revelam propriedades físicas diferentes de exoplanetas. O método

> ## Kepler
>
> Lançado em 2009, o satélite *Kepler* da NASA é uma nave espacial dedicada a caçar planetas que transformou nosso conhecimento de exoplanetas. Seu único instrumento é um telescópio refletor de 0,95 metro fixado a uma câmara fotométrica que mede variações minúsculas na luz das estrelas para detectar trânsitos planetários. Durante sua missão primária, foram usadas quatro "rodas de reação" para manter o foco do *Kepler* fixo precisamente em um único campo de visão – uma faixa da Via Láctea principalmente situada na constelação do Cisne (Cygnus). Seguindo-se à falha de duas dessas rodas e à perda do rastreio preciso, os engenheiros encontraram um modo engenhoso para manter o telescópio orientado no espaço usando a pressão da radiação vinda do Sol. Isso permitiu períodos mais curtos, mas ainda úteis, para rastrear estrelas. Até agora o *Kepler* descobriu mais de mil exoplanetas, com outros milhares esperando a confirmação.

de velocidade radial, por exemplo, atribui uma massa mínima ao planeta, fazendo com que a estrela bamboleie, mas, a não ser que a inclinação da órbita do planeta seja conhecida, não consegue encontrar um valor mais preciso para essa massa. O método do trânsito, em contraste, pode revelar o diâmetro de um planeta, mas não a sua massa. Na prática, observar um planeta desses dois modos é o que revela o maior número de informações. Se os dados de velocidade radial podem ser obtidos, então o mero fato de que um planeta transita por sua estrela restringe sua inclinação orbital e sua massa possível, o que, junto com uma medida do diâmetro, pode confirmar sua densidade e permitir que os astrônomos calculem sua provável composição.

A ideia condensada: a procura por planetas em torno de outras estrelas necessita de técnicas engenhosas e de instrumentos sensíveis

25 Outros sistemas solares

Antes da descoberta dos primeiros exoplanetas, os astrônomos assumiram que sistemas solares alienígenas seguiriam um padrão semelhante ao nosso. Descobertas recentes, no entanto, revelaram toda uma gama de tipos inesperados de novos planetas e novas órbitas, sugerindo que os sistemas planetários evoluem significativamente durante sua história.

Do momento, em 1995, que Mayor e Queloz anunciaram sua descoberta do 51 Pegasi B – o primeiro exoplaneta confirmado em torno de uma estrela parecida com o Sol (ver página 99) –, os cientistas planetários se viram frente a um enigma. O novo planeta orbitava sua estrela em apenas 4,23 dias, 7 vezes mais próximo do que Mercúrio está do Sol. E mais, a massa do planeta era pelo menos metade da massa de Júpiter (talvez significativamente mais). O que estaria fazendo um provável planeta gigante de gás tão próximo à sua estrela?

À medida que novos mundos começaram a aparecer em uma velocidade cada vez maior, logo ficou claro que o 51 Pegasi B não era uma exceção. Na verdade, uma fração substancial de todas as descobertas iniciais acabou sendo os chamados "Júpiteres quentes" – planetas gigantes em órbitas pequenas em torno de suas estrelas. Isso era em parte consequência do método de velocidade radial usado para fazer essas descobertas iniciais: apenas planetas substanciais têm massa suficiente para afetar o desvio Doppler da luz de suas estrelas, e os desvios repetidos devidos a planetas em órbitas de períodos curtos serão mais fáceis de se isolar. Além disso, o método do trânsito tem um viés na direção de achar planetas próximos às suas estrelas, não apenas porque seus eventos de trânsito ocorrem mais frequentemente, mas também porque as chances de um alinhamento que provoque o trânsito são dramaticamente maiores para planetas com órbitas menores.

linha do tempo

1995	2005	2007
Mayor e Queloz descobrem o primeiro "Júpiter quente": 51 Pegasi B	Eugenio Rivera *et al.* descobrem Gliese 867 D, a primeira super-Terra em torno de uma estrela na sequência principal	Snellen *et al.* deduzem a presença de ventos de alta velocidade na atmosfera de HD 209548 B

Mas isso não altera muito o fato de que, de acordo com modelos até então de modo bem-sucedidos de formação planetária (ver página 20), os planetas do tipo gigantes de gás não seriam capazes de se formar tão próximos a uma estrela.

Planetas fora de lugar   Uma solução potencial para o problema do "Júpiter quente" surge de teorias de migração planetária, com a ideia de que planetas mudam de posição significativamente durante longos períodos de tempo. Dadas as condições iniciais certas, não é muito difícil modelar um cenário no qual um planeta gigante começa a vida além da linha de neve de seus sistemas solares, onde gás e gelo são abundantes, mas então espirala para dentro graças a interações de marés com gás na nebulosa protoplanetária. Uma possibilidade sinistra é que um planeta gigante em tal trajeto lento para dentro vá interromper as órbitas de quaisquer mundos que tenham se formado mais próximos à sua estrela – exatamente o tipo de mundos pequenos, rochosos, que poderiam abrigar vida alienígena.

> **"Parece não haver nenhum motivo obrigando que planetas estrelares hipotéticos não devam... estar muito mais próximos de sua estrela genitora."**
> **Otto Struve,** 1952

Até agora foram descobertos "Júpiteres quentes" com uma grande variação de massas, variando de pouco menos do que o próprio Júpiter até cerca de 10 vezes mais pesado, mais ou menos o mesmo que a menor das estrelas anãs marrons (ver página 92). Na extremidade menos massiva dessa variação, o calor da estrela próxima pode fazer com que a atmosfera do planeta aumente em tamanho como um balão contra a gravidade comparativamente mais fraca, criando um "planeta inchado" de baixa densidade. Esse efeito teoricamente previsto foi confirmado por observações subsequentes de exoplanetas em trânsito, cujo diâmetro pode ser calculado diretamente.

Entretanto, alguns outros planetas, mais massivos, com gravidade maior, parecem ser maiores e mais quentes do que a teoria prevê. Em 2013, Derek Buzasi, da Florida Gulf Coast University, identificou uma ligação potencial entre esses planetas "maiores do que o esperado" e a atividade magnética de suas estrelas mães, sugerindo que o magnetismo pode desempenhar um papel substancial em seus aquecimentos.

2009
O lançamento do Kepler transforma os tipos de exoplanetas que podem ser descobertos

2012
Nikku Madhusudhan *et al.* identificam 55 Cancri como um possível planeta de carbono

Medida das atmosferas planetárias

Até agora, só é possível fazer imagens da luz direta de exoplanetas em ocasiões muito raras. Entretanto, observações de exoplanetas em transição podem ocasionalmente render dados a respeito de suas atmosferas. Quando um planeta passa na frente de uma estrela, os gases em sua atmosfera absorvem determinados comprimentos de onda de luz, alterando o padrão e a intensidade do espectro de absorção da própria estrela (ver página 62). Em 2001, essa técnica foi usada para identificar sódio na atmosfera do HD 209548 B, um "Júpiter quente" a uns 154 anos-luz de distância, em Pégaso. Mais estudos desse planeta enigmático revelaram um envelope rico em hidrogênio, carbono e oxigênio, que aumenta seu próprio raio em mais de 2 vezes. Isso é um sinal de que o planeta está perdendo sua atmosfera com o banho de calor de sua estrela mãe, que aumenta sua temperatura a cerca de 1.000°C. Pela medida do desvio Doppler nas linhas de absorção do monóxido de carbono na atmosfera do planeta, uma equipe liderada por Ignas Snellen, da Universidade de Leiden, na Holanda, não apenas mediu a velocidade exata do planeta em órbita, mas também detectou a presença de ventos de alta velocidade em sua atmosfera, soprando a cerca de 5 mil e 10 mil quilômetros por hora.

Um zoológico extrasolar "Júpiteres quentes" foram os primeiros de diversas classes novas de planetas que surgiram a partir de dados observacionais e modelagem por computador desde os anos 1990. Essas incluem:

• Netunos quentes: como o nome sugere, esses planetas são gigantes com a massa de Netuno em órbitas próximas em torno de suas estrelas. Surpreendentemente, alguns modelos de formação de planetas sugerem que gigantes dessa classe poderiam potencialmente ser formados a uma distância como a da Terra de suas estrelas mães, sem necessariamente envolver migração.

• Planetas ctônicos: foram descobertos diversos sistemas nos quais radiação e ventos estelares estão arrancando as camadas exteriores de um "Júpiter quente", formando uma cauda, como a de um cometa. Os planetas ctônicos são o hipotético resultado final desse processo. O impiedoso vento solar deixaria exposto apenas o núcleo rochoso de um planeta que já foi gigante, reduzindo a uma massa como a da Terra.

• Super-Terras: esses planetas têm uma massa de por volta 5 ou 10 massas da Terra. Observações sugerem que super-Terras têm diversas densidades e, portanto, uma série de composições. Alguns podem simplesmente ser planetas rochosos enormes, enquanto outros podem ser "anões de gás". A proximidade da estrela central determina as condições da superfície, que poderia potencialmente ir de mares de lava semiderretida a gelo supercongelado. Planetas oceânicos são um subgrupo particularmente intrigante, com uma alta proporção de água, que se acredita terem sido formados quando um mundo inicialmente gelado migra para mais próximo de sua estrela.

COMPOSIÇÃO

MASSA	Ferro	Silicato (como na Terra)	Carbono	Água	Monóxido de carbono	Hidrogênio puro
Planetas com a massa da Terra	●	Equivalente à Terra	●	●	●	⬤
Super--Terra	●	●	●	⬤	⬤	⬤ 20 mil quilômetros

Esta tabela mostra como o tamanho de exoplanetas mais ou menos parecidos com a Terra varia, dependendo tanto da massa como de sua composição.

• Planetas de carbono e ferro: dependendo das condições na nebulosa protoplanetária inicial, planetas terrestres podem acabar com quantidades muito maiores de carbono ou ferro, em vez da rocha de silicato que domina a Terra. Mundos dominados pelo ferro podem também ser criados quando um planeta é bombardeado por grandes impactos que arrancam os elementos mais leves de seu manto. Em nosso sistema solar, acredita-se que algo assim foi o que aconteceu com Mercúrio.

Até agora, o florescente estudo desses objetos está em sua infância, mas já é possível identificar uma gama surpreendente de características físicas em planetas que não conseguimos observar diretamente. Já há planos em andamento para uma nova geração de telescópios gigantes que poderão resolver e estudar exoplanetas individualmente, revelando ainda mais a respeito desses mundos enigmáticos e variados.

A ideia condensada: a configuração do nosso sistema solar é apenas uma de muitas possibilidades

26 Zonas de Goldilocks

A busca por planetas verdadeiramente parecidos com a Terra, potencialmente capazes de sustentar vida usando bioquímica baseada no carbono, é um dos maiores desafios da astronomia moderna. Entretanto, a compreensão do que exatamente cria a "zona habitável" em torno de uma estrela em particular provou ser uma tarefa surpreendentemente complexa.

A ideia de que as características da radiação de uma estrela afetam a habitabilidade de planetas ao seu redor foi apresentada por escrito em 1953 por dois pesquisadores em separado: o físico alemão Hubertus Strughold e o astrônomo norte-americano Halton Arp. O fato de que as condições planetárias sejam quentes próximo ao Sol, ficando mais frias mais longe no sistema solar, é sabido há séculos, mas Strughold foi o primeiro a definir "zonas" nas quais vida era mais ou menos provável, enquanto Arp calculou a série de condições nas quais a água líquida poderia persistir numa superfície planetária. Em 1959, Su-Shu Huang uniu esses conceitos na ideia de uma "zona habitável", baseado no que então se sabia a respeito das origens da vida e das condições que ela exigia.

Definição da zona de Goldilocks Desde então, a zona habitável – popularizada desde os anos 1970 como a "Zona de Goldilocks" ou "Cachinhos Dourados" – tornou-se um modo amplamente conhecido de pensar a respeito das perspectivas de vida em torno de outras estrelas. Anúncios de novos exoplanetas muitas vezes se concentram em quão parecidos com a Terra eles são, sendo que sua posição nessa zona é um fator fundamental.

De acordo com a história infantil, a Zona de Goldilocks deveria ser onde as coisas não são nem quentes demais nem frias demais, mas "perfeitas". Isso pode parecer bastante fácil de calcular: para qualquer estrela, a região

linha do tempo

1953	1959	1979	1987
Strughold e Arp, independentemente, estudaram fatores que afetam a temperatura e habitabilidade de planetas em torno de estrelas	Su-Shu Huang combina as ideias de Strughold e Arp no conceito de uma zona habitável em torno de cada estrela	As descobertas de aquecimento por marés e luas oceânicas abrem possibilidades para vida fora da zona habitável	Marochnik e Mukhin formulam a ideia de uma zona galáctica habitável, examinando regiões em nossa galáxia que poderiam sustentar vida

Chauvinismo do carbono?

A maior parte das ideias a respeito de zonas habitáveis aceita implicitamente que a vida em qualquer outro lugar no Universo seria mais ou menos semelhante à vida na Terra. Já em 1973, no entanto, o cientista planetário Carl Sagan advertiu que tal "chauvinismo do carbono" poderia ser enganador. Na realidade, há bons motivos para supor que alguns pontos essenciais da vida se manteriam os mesmos por toda a galáxia. Pela maior parte das definições, até as formas de vidas mais simples envolvem algum tipo de molécula portadora de informações, análoga ao DNA e capaz de ser herdada quando um organismo se replica. O Carbono pode ser razoavelmente visto como a base mais provável para tal modelo, porque a estrutura desse abundante elemento permite que ele forme uma variedade única de ligações químicas complexas (outros elementos, como o silício e o germânio, formam ligações de uma forma parecida, mas são menos quimicamente reativos). O papel chave da água, enquanto isso, baseia-se em uma simples necessidade de um meio fluido no qual os compostos químicos possam se movimentar e sofrer as reações necessárias para construir moléculas complexas, para começar. Outros líquidos, como amônia, teoricamente poderiam desempenhar esse papel, mas pelo que sabemos, a água é tanto o meio potencial mais abundante como também um meio que se mantém no estado líquido ao longo da gama mais ampla de temperaturas.

deve ficar entre os pontos em que sua radiação aquece a superfície de um planeta o bastante para evaporar água (ponto de fervura), e onde é insuficiente para derreter gelo (ponto de fusão). Infelizmente, não é assim tão simples: para manter água líquida, um planeta precisa de uma pressão atmosférica razoavelmente substancial. Sem ela, a água líquida simplesmente evapora por ebulição, não importando a temperatura. Quanto mais baixa a pressão, mais baixo é o ponto de ebulição da água, como gerações de montanhistas desapontados já perceberam ao tentar fazer uma xícara de chá decente.

A capacidade de reter uma atmosfera é em si mesma uma função da massa do planeta e de sua posição relativa à sua estrela. Condições de alta gravidade e/ou frio fazem com que seja mais fácil evitar que gases em movimento constante se percam no espaço. Qualquer atmosfera tem um efeito de isolante térmico que ajuda a nivelar as temperaturas entre os lados do dia e da noite do planeta, evitando que o calor do dia se perca imediatamente depois do pôr do sol. Entretanto, a composição química exata de uma atmosfera também tem

1993
Kasting *et al.* introduzem uma nova definição de Zona de Goldilocks que tende a expandi-la para fora da estrela central

2011
Astrônomos descobrem Kepler-22B, o primeiro exoplaneta conhecido em órbita dentro da zona habitável

2014
Descoberta do Kepler-186F, o primeiro planeta do tamanho da Terra na zona habitável

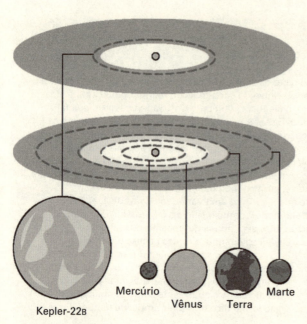

Uma comparação entre Kepler-22ʙ, o primeiro exoplaneta encontrado na Zona de Goldilocks em torno de uma estrela semelhante ao Sol, e as órbitas do nosso próprio sistema solar interior.

um efeito significativo. Gases de efeito estufa, como o dióxido de carbono, metano e vapor d'água, absorvem muito mais do calor que escapa e mantêm a superfície do planeta relativamente mais aquecida. Esse efeito é visto mais nitidamente em Vênus, onde uma densa atmosfera de dióxido de carbono aquece a superfície em centenas de graus acima do que ela teria de outro modo.

Como ainda é impossível para nós analisar as atmosferas da maior parte dos exoplanetas, exobiólogos usam modelos padronizados para prever seus efeitos de aquecimento. Em 1993, o geocientista James Kasting e outros modelaram a Zona de Goldilocks como a região entre uma beirada interior, onde a água de um planeta com gravidade feito a da Terra seria sempre perdida, independentemente da composição atmosférica, e uma beirada exterior, onde a água ficaria logo acima do ponto de congelamento numa atmosfera de "efeito estufa máximo" (dominada por dióxido de carbono). A estimativa de Kasting coloca a zona habitável de nosso próprio sistema solar entre 0,95 e 1,67 au do Sol, sugerindo que a Terra está margeando perigosamente próximo da beirada interna. Em 2013, um novo modelo empurrou a zona habitável para ainda mais longe, a 0,99 e 1,70 au.

Deslocando as traves do gol Mesmo que alguns cientistas tenham se concentrado em refinar a posição dessa Zona de Goldilocks "tradicional", do mesmo modo novas descobertas aumentaram a dificuldade em definir onde realmente fica a zona habitável, e mostraram que essa certamente não é a última palavra na busca pela vida. A revelação de abundantes organismos extremófilos na Terra (ver página 51) mostrou que a vida pode se desenvolver em uma gama muito mais ampla de ambientes do que se pensava, enquanto a descoberta de efeitos de aquecimento por marés e oceanos subterrâneos entre as luas de gelo do sistema solar exterior ampliou os parâmetros para mundos potencialmente com condições de sustentar vida bem além das estimativas conservadoras da Zona de Goldilocks.

Outros, enquanto isso, estenderam o conceito de habitabilidade ainda mais, estreitando as opções para exoplanetas com potencial de vida. Uma consideração possível é a localização de uma estrela na galáxia mais ampla. De acordo com essa ideia de zona galáctica habitável, as estrelas no coração abarrotado de uma galáxia têm maior probabilidade de serem calcinadas pelos raios esterilizadores de explosões de supernovas, enquanto estrelas próximas à beirada exterior vão se formar sem a poeira exigida para fazer planetas terrestres. Alguns astrônomos, no entanto, duvidam que a posição de uma estrela seja assim tão útil. Nikos Pranzos, do Instituto de Astrofísica de Paris, argumentou que há simplesmente variáveis demais envolvidas, e, no mínimo, há o fato de que a órbita de uma estrela dentro de uma galáxia pode mudar consideravelmente ao longo de sua vida.

> **Os primeiros sinais de outra vida na galáxia podem muito bem vir de planetas em órbita em torno de uma anã.**
>
> Elisa Quintana, Instituto SETI

Outra consideração não é espacial, mas temporal: com base no exemplo do nosso próprio planeta, a evolução de vida avançada parece levar *tempo*. No caso da Terra, as formas de vida unicelulares mais primitivas se estabeleceram em cerca de 1 bilhão de anos a partir da formação da Terra, mas foram necessários outros 3 bilhões para que vida multicelular explodisse. Isso pareceria limitar o potencial para vida nas estrelas com períodos de vida de muitos bilhões de anos – em outras palavras, aquelas sem muito mais massa do que o nosso Sol. Alguns têm argumentado que, como teria também levado muito tempo para que a nossa galáxia desenvolvesse os elementos pesados necessários à formação de planetas como a Terra, nossa geração de mundos pode ser a primeira com o potencial para a vida adiantada.

A ideia condensada: podem existir condições para vida em muitos exoplanetas

27 Gigantes vermelhas

Entre as maiores estrelas no Universo, as gigantes vermelhas são o estágio mais espetacular na evolução de estrelas como o nosso Sol, e desempenham um papel fundamental na criação de elementos pesados. Antes consideradas estrelas bebês, sua natureza verdadeira só foi reconhecida depois que os conceitos errôneos a respeito da estrutura estelar foram abandonados.

A expressão "gigante vermelha" apareceu com a divisão das estrelas em anãs e gigantes feita por Ejnar Hertzsprung, em 1905, de acordo com suas luminosidades. Tanto ele quanto Henry Norris Russell se deram conta de que a alta luminosidade e a baixa temperatura superficial dessas estrelas indicavam um tamanho enorme. Entretanto, era também claro que, apesar de seu destaque nos céus da Terra, essas estrelas luminosas eram extremamente raras se comparadas às suas confrades anãs, mais pálidas.

Explicando monstros   As gigantes vermelhas são tão grandes que se uma delas fosse substituir o Sol no nosso sistema solar iria engolir as órbitas de diversos planetas, inclusive a da Terra. Ainda em 1919, Arthur Eddington predisse o tamanho da bem conhecida gigante vermelha Betelgeuse, na constelação de Órion. No ano seguinte, Albert Michelson e Frances Pease fixaram a atenção em Betelgeuse usando o Telescópio Hooker, no Observatório Mount Wilson, na Califórnia – que era então o maior do mundo –, para confirmar a estimativa de Eddington. Mesmo assim, curiosamente, a evidência parecia sugerir que gigantes vermelhas não *pesavam* significativamente mais do que estrelas anãs normais. É claro que deveria haver alguma diferença fundamental entre o processo de criar energia em anãs e em gigantes, mas o que poderia ser?

A solução surgiu da ousada sugestão de Ernst Öpik em 1938, de que as estrelas *não* são homogêneas (ver página 80). Indo de encontro às teorias do-

linha do tempo

1920
Michelson e Pease confirmam o diâmetro imenso da estrela Betelgeuse em Órion

1938
Öpik introduz a ideia das cascas de fusão cujo desenvolvimento causa mudanças no tamanho e luminosidade de uma estrela

1945
George Gamow modela gigantes vermelhas como um estágio tardio da evolução de estrelas semelhantes ao Sol

minantes na época, de que o interior das estrelas era bem misturado, ele propôs que a produção de energia ocorre numa região discreta do núcleo onde produtos da fusão do hidrogênio se acumulam ao longo do tempo. Aplicando a ideia de Eddington de um equilíbrio entre a força para fora da radiação e a pressão para dentro da gravidade, Öpik mostrou como o núcleo iria ficar mais denso e mais quente à medida que gastava seu suprimento de hidrogênio. Eventualmente, apesar do esgotamento do combustível do núcleo, o efeito de seu calor no seu entorno cria condições adequadas à fusão em uma casca de material ao seu redor.

> **"O tempo gasto por uma estrela... sua evolução como uma gigante vermelha deve ser consideravelmente mais curto do que o período que ela gasta na sequência principal."**
> George Gamow

Devido às altas temperaturas envolvidas, essa "queima da casca de hidrogênio" ocorre numa velocidade muito maior do que a fusão do núcleo, aumentando a luminosidade da estrela e fazendo com que a região do envelope acima da casca se expanda enormemente e crie uma gigante vermelha. Como a queima da casca gasta combustível rapidamente, Öpik viu que isso seria uma fase relativamente breve no ciclo de vida de uma estrela, explicando porque as gigantes vermelhas são tão mais raras na nossa galáxia do que as estrelas anãs.

Além da casca de hidrogênio No início dos anos 1950, as ideias de fusão de hidrogênio como a principal fonte de energia estelar e a queima da casca como a força motriz para a evolução de gigantes vermelhas estavam bem estabelecidas. A próxima questão óbvia era se outras reações de fusão também podiam desempenhar algum papel. O hélio era especialmente interessante, já que é produzido em abundância pelos estágios iniciais da fusão do hidrogênio. Diversos astrofísicos e cientistas nucleares começaram a focar em uma cadeia em particular de reações de fusão de hélio como um possível caminho para as estrelas poderem continuar brilhando e também para a geração de alguns dos elementos mais pesados abundantes no Universo. A solução chegou sob a forma de um processo triplo-alfa (ver boxe na página 112). Trata-se de uma reação de fusão entre núcleos de hélio que começa quando o núcleo de uma estrela gigante vermelha está em colapso lento e alcança uma densidade e temperatura críticos.

1952
Hoyle e Fowler descobrem os processos da fusão triplo-alfa do hélio

1956
Shklovsky mostra que gigantes vermelhas soltam suas atmosferas em nebulosas planetárias, expondo seu núcleo como estrelas anãs brancas

1962
Schwarzschild e Härm identificam a explosão de hélio – uma súbita mudança na estrutura da gigante vermelha, detonada pelo início da queima de hélio

> ## O processo triplo-alfa
>
> O mecanismo responsável pela fusão do hélio em carbono em núcleos estelares evoluídos é conhecido como o processo triplo-alfa, porque um núcleo normal de hélio (consistindo de 2 prótons e 2 nêutrons) é equivalente a partículas alfa emitidas por algumas substâncias radioativas. O primeiro estágio do processo envolve 2 núcleos de hélio unidos para formar um núcleo de berílio-8. Esse isótopo do berílio é altamente instável e normalmente se desintegra de volta em núcleos de hélio quase imediatamente, mas, quando condições dentro do núcleo ultrapassam determinado limiar, os núcleos de hélio conseguem fabricar berílio mais rapidamente do que ele consegue se desintegrar. À medida que a quantidade de berílio começa a aumentar no núcleo, o segundo estágio do processo torna-se possível – fusão com mais núcleo de hélio para criar carbono. De acordo com modelos iniciais de interações nucleares, de 1950, a ocorrência desse processo seria altamente improvável, mesmo quando os núcleos de berílio e de hélio sofrem compressão, mas o astrofísico britânico Fred Hoyle brilhantemente se deu conta de que isso deve ocorrer, se as estrelas fabricam carbono. Ele, portanto, previu a existência de uma "ressonância" entre as energias dos 3 núcleos envolvidos, que tornaria a fusão mais provável. Apesar do ceticismo das autoridades em física nuclear, exatamente uma ressonância como essa foi depois descoberta pela equipe de William Alfred Fowler, no Instituto de Tecnologia da Califórnia, em 1952.

Uma vez que a queima do hélio torna-se possível, ele se espalha rapidamente pelo núcleo em um evento chamado "flash de hélio". Essa nova ignição no núcleo tem um efeito significativo na estrutura interna da estrela. A pressão restaurada da radiação do núcleo faz com que a casca de hidrogênio em combustão se expanda e fique menos densa, e a fusão "desacelere". Como resultado, a estrela, como um todo, se contrai e se torna ligeiramente menos luminosa. O suprimento de hélio do núcleo é exaurido bastante rapidamente, depois que a fusão do hélio passa para uma casca própria abaixo da casca de hidrogênio em combustão, e a estrela mais uma vez fica mais brilhante e se expande. Para a vasta maioria das estrelas, o fim está se aproximando rapidamente – o núcleo, agora rico em carbono e oxigênio, continua a se contrair, mas jamais alcançará as temperaturas extremas necessárias para outra etapa de execução.

Mais tarde, em sua evolução, muitas estrelas gigantes vermelhas desenvolvem pulsações em suas camadas exteriores, crescendo e encolhendo devido a instabilidades em sua estrutura interna (ver página 114). Essas oscilações podem ser acompanhadas por mudanças substanciais na luminosidade, que pode ser ou uma mudança direta na liberação de energia da estrela, ou o resultado de camadas opacas de gás e poeira rica em carbono que são jogadas da atmosfera superior obscurecendo a luz da fotosfera abaixo.

O desfecho final O astrônomo soviético Iosif Shklovsky explicou a sina das gigantes vermelhas em 1956. Ele encontrou um "elo perdido" evolutivo sob a forma de nebulosas planetárias. Essas lindas bolhas de gás interestelar – com o formato de ampulheta e anel – que são iluminadas por uma estrela

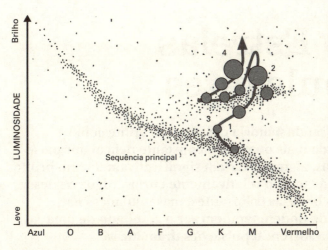

À medida que exaure o hidrogênio em seu núcleo, uma estrela semelhante ao Sol sai da sequência principal do diagrama de Hertzsprung-Russell [1] ficando mais brilhante e inchando para se tornar uma gigante vermelha [2]. A ignição do núcleo de hélio a vê se mover para o ramo horizontal [3], mas quando o hélio em combustão também se move para uma casca, a estrela incha outra vez e se move para o chamado ramo gigante assintótico [4].

branca quente em seu centro parecem estar expandindo numa velocidade espantosa. Shklovsky percebeu que essas características fariam das nebulosas planetárias objetos de vida muito curta em termos astronômicos (durando talvez apenas alguns milhares de anos), e concluiu que elas devem ser uma fase intermediária entre dois outros objetos mais disseminados. A estrela branca quente, central, parece ser uma versão mais quente de uma anã branca (ver página 126) – a sina final de todas as nebulosas planetárias. As conchas gasosas, enquanto isso, mostraram forte semelhança com as atmosferas de gigantes vermelhas – poderia ser essa a sua origem?

Mais tarde, pesquisas apoiaram conclusivamente essa síntese ousada. Em 1966, George Ogden Abell e Peter Goldreich mostraram exatamente como a atmosfera de uma gigante vermelha podia fugir para se tornar uma nebulosa planetária, enquanto entre os anos 1950 e 1970, Martin Schwarzschild e Richard Härm, em Princeton, usaram computadores para modelar a história inteira das gigantes vermelhas com complexidade cada vez maior. Mais recentemente, imagens do Telescópio Espacial Hubble e outros observatórios modernos revelaram mais detalhes a respeito dos estágios de morte de estrelas como o Sol.

A ideia condensada: gigantes vermelhas são estrelas idosas e evoluídas semelhantes ao Sol

28 Estrelas pulsantes

Embora a grande maioria das estrelas brilhe com luminosidade mais ou menos constante pela maior parte de suas vidas, algumas variam significativamente no brilho em escalas de tempo relativamente curtas. Algumas dessas são estrelas binárias eclipsantes, mas mudanças na luminosidade podem também ser o resultado de uma única estrela sofrendo pulsações dramáticas.

A primeira estrela variável pulsante a ser descoberta é ainda a mais famosa. Catalogada como Omicron Ceti, a estrela vermelha no pescoço do monstro marinho da constelação Cetus sofre variações dramáticas de brilho que a faz passar de um objeto facilmente visível a olho nu a outro só visível com telescópios, em um ciclo que dura cerca de onze meses. Notada pela primeira vez por David Fabricius em 1596, Johannes Hevelius logo a chamou de Mira (literalmente "a surpreendente").

Variáveis só foram descobertas em grandes números a partir do fim do século XVIII, e logo revelaram sua desconcertante variedade. Enquanto algumas eram obviamente estrelas vermelhas como Mira, com pulsações de longos períodos, outras, como Delta Cephei, na constelação de Cefeu, variavam menos dramaticamente e em períodos de apenas alguns dias.

Enquanto as variações de Mira podiam ser um tanto aleatórias, logo se descobriu que as chamadas Cefeidas repetiam seu ciclo com precisão metronômica. O desenvolvimento de técnicas fotográficas para medidas de alta precisão de magnitudes estelares no século XX revelou uma série ainda maior de mudanças, incluindo estrelas que alteram o brilho por frações de uma magnitude em períodos de minutos, e padrões mais complexos de múltiplas pulsações sobrepostas.

linha do tempo

1596
Fabricius nota a mudança no brilho de Mira, a primeira estrela variável a ser descoberta

1784
John Goodricke identifica a variabilidade da Delta Cephei

1879
Ritter sugere que estrelas pulsantes são resultado de mudanças internas, em vez de interações com outras estrelas

Mudanças internas O engenheiro alemão August Ritter foi o primeiro a sugerir que variações no brilho dessas estrelas eram devidas a mudanças inatas em seus raios e brilhos, em 1879. Nessa época, a maior parte dos astrônomos acreditava que a variabilidade se devia unicamente a um produto de interações dentro de sistemas de estrelas binárias (ver página 96), de modo que suas ideias foram amplamente desconsideradas. Em 1908, entretanto, Henrietta Swan Leavitt (uma das Computadoras de Harvard de E. C. Pickering – ver página 65) fez uma descoberta importante. Entre milhares das variáveis Cefeidas fotografadas na Pequena Nuvem de Magalhães (uma nuvem isolada de estrelas, que agora sabe-se ser uma galáxia satélite da Via Láctea), parecia haver um relacionamento claro: quanto mais brilhante a aparência média de uma estrela, mais longo o seu ciclo de variação. Supondo que a nuvem era um objeto físico a uma distância relativamente grande da Terra (de modo que todas as suas estrelas estão efetivamente à mesma distância, e diferenças na magnitude aparente representam diferenças na luminosidade intrínseca), Leavitt foi capaz de concluir que havia em ação uma relação genuína entre período e luminosidade.

> **"É digno de nota que... as variáveis mais brilhantes têm os períodos mais longos."**
> Henrietta Swan Leavitt

Em 1912, Leavitt publicou uma evidência mais detalhada dessa relação. Sua descoberta derrubou ideias há muito aceitas a respeito das estrelas variáveis, já que não havia explicação plausível para o motivo de um sistema binário eclipsante ou sistema semelhante obedecer a essa regra de período-luminosidade. Além disso, ela desempenharia mais tarde um papel fundamental no desenvolvimento de ideias acerca do Universo em grande escala (ver página 148).

Apesar das evidências reunidas em 1914 por Harlow Shapley, de que as Cefeidas eram impulsionadas por algum tipo de mecanismo de pulsação, ainda não havia uma explicação detalhada precisa. Então, nos anos 1920, Arthur Eddington usou seu novo modelo de interiores estelares para argumentar que as pulsações deviam ser reguladas por uma "válvula" natural, que limita a radiação que foge da superfície da estrela.

Além disso, ele mostrou como essa situação poderia surgir se uma camada particular do interior da estrela ficasse mais opaca. A densidade crescente

1908
Leavitt identifica a relação período-luminosidade nas Cefeidas, amparando a ideia de que suas mudanças são internas

1926
Eddington mostra que as pulsações estelares são provavelmente devidas a mudanças na opacidade interna

1953
Zhevakin mostra que a ionização do hidrogênio pode provocar mudanças na opacidade no modelo de Eddington

Outros tipos de variáveis

Nem todas as estrelas intrinsecamente variáveis podem ser explicadas pelo mecanismo de pulsação de Eddington. Muitas estrelas jovens, como as estrelas T Tauri (ver página 88) flutuam em brilho porque seus interiores ainda não alcançaram o equilíbrio, e podem ainda estar acumulando ou liberando quantidades consideráveis de matéria. As supergigantes massivas, altamente luminosas, enquanto isso, podem variar sua emissão de luz porque a mera quantidade de pressão de radiação que elas geram as torna instáveis, muitas vezes levando-as a soltar suas camadas exteriores no espaço ao redor (ver página 119).

Outras variáveis exigem uma explicação inteiramente diferente. Essas incluem as estrelas R Coronae Borealis – gigantes que ocasionalmente expelem nuvens de poeira opaca que bloqueiam a visão de grande parte de sua luz durante anos. Astrônomos também só recentemente começaram a reconhecer uma ampla quantidade de variáveis em rotação. Essas são estrelas cujo brilho varia à medida que elas giram em torno de seus eixos, devido ou a enormes manchas estelares escuras em suas atmosferas, efeito de campos magnéticos poderosos, ou até – no caso das que giram mais rapidamente e estrelas em sistemas binários próximos – distorções em seus formatos gerais.

de uma camada, devida à compressão, tenderia a retardar o escape da radiação, mas o aumento resultante na pressão vinda de baixo iria eventualmente empurrar a camada para fora, onde ela ficaria mais transparente e permitiria que o excesso de energia escapasse. Desse modo, o processo se torna um ciclo repetitivo.

Havia só mais um problema importante com a teoria de Eddington – evidências sugerem que a pressão crescente na maior parte das regiões de uma estrela na realidade *reduz* sua opacidade (um efeito conhecido como a Regra de Kramer). Só nos anos 1950 é que Sergei Zhevakin encontrou um mecanismo para explicar as pulsações nas Cefeidas. Estruturas conhecidas como zonas de ionização parcial são regiões no interior de uma estrela, relativamente próximas à sua superfície, onde a ionização de alta temperatura (arrancando elétrons dos átomos) é incompleta. A compressão de gás nessas zonas libera energia que provoca mais ionização e aumenta a opacidade.

O limite das pulsações Esse mecanismo de opacidade (agora conhecido como mecanismo kappa) oferece uma boa explicação para as pulsações nas Cefeidas e em ampla gama de outras estrelas. Uma banda larga diagonal no diagrama H-R – a chamada "faixa de instabilidade" – é uma região em que o equilíbrio de massa, tamanho e luminosidade faz surgir zonas semelhantes de ionização parcial. As estrelas na faixa incluem as chamadas "Cefeidas clássicas", parecidas com a Delta Cephei, e muitas outras formas:

• Estrelas W Virginis: amplamente semelhantes às Cefeidas clássicas, mas com menos massa, essas estrelas têm menor quantidade de metais pesados e uma distinta relação período-luminosidade.

  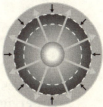

1. Colapso lento   2. Ionização   3. Expansão   4. Transparente outra vez

O mecanismo kappa começa com uma zona de ionização parcial transparente à radiação. Isso reduz a pressão de radiação de modo que as camadas exteriores da estrela caiam lentamente para dentro [1]. Quando as temperaturas sobem o suficiente, a zona se torna ionizada e opaca, prendendo a radiação [2]. Isso aumenta a pressão para fora e a estrela começa a expandir [3] até que eventualmente a zona esfria e se desioniza, ficando transparente [4] de modo que o processo possa se repetir.

• Estrelas RR Lyrae: essas velhas estrelas de "População II" são muitas vezes encontradas em aglomerados globulares (ver página 84).

• Estrelas Delta Scuti: também conhecidas como "Cefeidas anãs", essas estrelas mostram um padrão de variabilidade semelhante às Cefeidas, mas têm um período muito mais curto e são mais pálidas.

Embora o mecanismo kappa tenha sido bem-sucedido em explicar muitos tipos de estrela variável, uma compreensão plena de Mira – a melhor estrela pulsante no céu – permanece indistinta. Sua classe de "variáveis de período longo" é muito fria para que o mecanismo kappa funcione do mesmo modo que nas Cefeidas. O mecanismo não parece alterar sua liberação geral de energia, mas mudá-lo radicalmente de luz visível para o infravermelho e outra vez de volta. A explicação mais plausível no momento é que suas pulsações são criadas por um mecanismo de opacidade *externo*, talvez uma relação entre temperatura e a formação de poeira que absorve luz na atmosfera superior da estrela.

A ideia condensada: muitas estrelas têm brilho variável, algumas com um período previsível

29 Supergigantes

As estrelas mais brilhantes no Universo são até 1 milhão de vezes mais luminosas do que o Sol. Elas vão das supergigantes azuis, compactas, mas pesos-pesados, a supergigantes vermelhas que são menos massivas, mas não menos brilhantes. Tais monstros estelares desempenham um papel fundamental em semear o cosmos com elementos pesados.

A busca pelas estrelas mais brilhantes e pesadas é um passatempo perene para os astrônomos, mas o estabelecimento da física por trás delas foi um avanço crucial em nossa compreensão do Universo como um todo. O termo supergigante vem da posição dessas estrelas no diagrama de Hertzsprung-Russell. Uma divisão de diferentes "classes de luminosidade" de estrelas para acompanhar seus tipos espectrais foi formalizada nos anos 1940 e 1950 por William Wilson Morgan, Philip C. Keenan e Edith Kellman. Muitas vezes conhecida como a classificação MK ou Yerkes, (ver boxe na página 121), cada classe de luminosidade nesse sistema é designada por um algarismo romano. Anãs normais da sequência principal são classe V, enquanto as supergigantes são divididas em classe Ia e Ib. Uma classe de hipergigantes ainda mais brilhantes – classe 0 – foi acrescentada mais tarde.

Ainda nos anos 1920, Arthur Eddington sugeriu que há um limite de luminosidade acima do qual nenhuma estrela consegue permanecer estável contra a pressão para fora da radiação. Como a massa e a luminosidade são relacionadas, isso coloca um limite superior na massa de estrelas estáveis. Até recentemente, achava-se que esse limite estaria em poucas dezenas de massas solares, mas sabe-se agora que uma ampla série de fatores influencia a estabilidade de estrelas e permite que elas fiquem consideravelmente mais massivas sem chegar a realmente se explodir no processo de formação. Desse modo, a estrela mais pesada conhecida hoje é R136a1, uma mastodôntica com 265 massas solares no coração de uma densa aglomeração de estrelas jovens na galáxia da Grande Nuvem de Magalhães.

linha do tempo

1843
A variável azul luminosa Eta Carinae explode para se tornar brevemente a segunda estrela mais brilhante no céu

1867
Charles Wolf e Georges Rayet identificam os primeiros exemplos de estrelas Wolf-Rayet

1943
Morgan, Keenan e Kellman introduzem o termo "supergigantes" para as estrelas mais brilhantes em seu sistema de classificação

Monstros variados Nas estrelas mais massivas, a gravidade ultrapassa a tendência natural para expandir, mantendo-as como supergigantes azuis relativamente compactas com temperaturas superficiais em dezenas de milhares de graus. Mesmo assim, o ponto essencial de Eddington, de que as altas luminosidades de estrelas massivas fazem com que elas fiquem instáveis, é corroborado na variedade de supergigantes diferentes que até então foram estudadas. As variáveis azuis luminosas (LBVs, em inglês) são estrelas altamente evoluídas (embora com apenas poucos milhões de anos de idade graças ao tempo de vida acelerado das estrelas mais massivas) e diferem violentamente em tamanho, brilho e temperaturas superficiais à medida que se aproximam do final de suas breves vidas.

> **"Parece haver uma ampla relação entre a massa total de uma aglomeração e a estrela mais maciça dentro dela."**
> Paul Crowther

Um tanto menos massiva do que as LBVs são as supergigantes brancas, conhecidas como estrelas Wolf-Rayet. Observadas pela primeira vez nos anos 1860, o espectro delas revela que são rodeadas por gás em rápida expansão, e que não obedecem à relação esperada entre massa, temperatura e luminosidade. São um exemplo clássico da teoria de Eddington em ação: estrelas que começam a vida com tanta luminosidade que os ventos estelares de alta velocidade arrancam suas camadas superficiais. A exposição de camadas mais profundas e mais quentes só aumenta a pressão para fora da radiação, criando um efeito em cadeia que pode fazer a estrela perder uma quantidade considerável de massa – talvez valendo dezenas de sóis – durante sua breve vida queimando hidrogênio. Essa rápida perda de massa tem um efeito significativo no modo como as estrelas se desenvolvem nos últimos estágios de suas vidas.

As supergigantes amarelas, mais frias, são estrelas que já esgotaram o hidrogênio de seu núcleo e estão se expandindo na direção de uma fase supergigante vermelha. À medida que fazem isso, atravessam a "faixa de instabilidade" do diagrama H-R e se tornam variáveis Cefeidas (ver página 114). Graças à perda anterior de material, elas tendem a ser menos massivas do que as LBVs, com massa de até 20 Sóis. As supergigantes vermelhas, enquanto isso, são o resultado de expansão durante as fases finais da evolução estelar. Análogas às gigantes vermelhas, elas se formam quando a fusão

1954
Hoyle mostra como as supergigantes podem gerar uma variedade de processos de fusão

1971
Keenan formula a definição moderna de uma estrela hipergigante

2010
Paul Crowther et al. identificam a estrela mais pesada conhecida, R136a1, na Grande Nuvem de Magalhães

Supergigantes

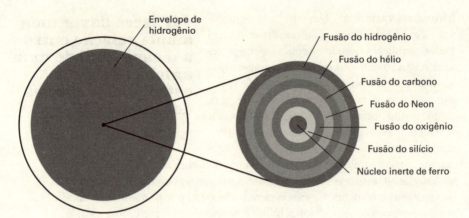

O interior de uma supergigante evoluída consiste em um enorme envelope de hidrogênio, talvez com um diâmetro equivalente à órbita de Júpiter. Em seu centro há uma série de cascas relativamente pequenas fundindo diversos núcleos para formar elementos até a massa do ferro.

migra do núcleo da estrela para uma ou mais camadas tipo cascas. Essas são as maiores estrelas no Universo em volume, com diâmetros equivalentes à órbita de Júpiter ou até maior. Entretanto, apenas estrelas de até 40 massas solares alcançam esse estágio; as estrelas mais pesadas acabam em supernovas com finais violentos enquanto são apenas lbvs.

Fornalhas de elementos Em 1954, Fred Hoyle delineou os processos que acontecem dentro de supergigantes. Ele argumentou que as enormes pressões exercidas pelas camadas exteriores dessas estrelas comprimiriam seus núcleos no fim da vida, fazendo com que fiquem tão quentes que os processos de fusão não terminariam no processo triplo-alfa, como nas estrelas semelhantes ao Sol (ver página 112). Em vez disso, a fusão continuaria comprimindo os núcleos de elementos, como carbono e oxigênio, junto com o hélio, para construir elementos cada vez mais pesados, como neônio e silício.

O processo contínuo acabaria criando elementos até o ferro, cobalto e níquel – os elementos mais pesados cuja formação libera mais energia do que absorve. As origens de elementos mais pesados do que o ferro, no entanto, permaneceram um mistério. Então, em 1952, uma equipe formada por marido e mulher, Geoffrey e Margaret Burbidge, descobriu um número de estrelas pouco comuns, que pareciam ter sido enriquecidas com esses elementos mais pesados. Como eles não poderiam ser formados por meio de fusão direta, o único jeito alternativo de explicar sua formação era pelo bombardeio lento de núcleos mais leves com nêutrons subatômicos individuais. O trabalho dos Burbidge atraiu a atenção de William Alfred Fowler, e eles começaram a colaborar com ele e com Hoyle. O resultado final foi um famoso artigo de 1957,

> ## Classes de luminosidade
>
> Em 1913, o físico alemão Johannes Stark descobriu um fenômeno conhecido como alargamento por pressão, que faz com que as linhas de absorção ou de emissão dos espectros associados a um gás em particular se tornem mais largas quando o gás está sob alta pressão. Isso acontece devido ao aumento no número de colisões com partículas de gás vizinhas, criando ligeiras variações na energia geral emitida ou absorvida por cada átomo individual. Morgan e Keenan, no Observatório Yerkes, perceberam que isso podia ser usado para se estimar o tamanho de uma estrela. Como gases na fotosfera de uma estrela pequena, densa, estão a pressões mais altas do que os que estão na fotosfera de uma gigante inchada, as anãs, portanto, deveriam produzir linhas espectrais mais largas do que as gigantes. Essa foi uma das inovações fundamentais no sistema MK, criando um atalho para identificar luminosidades estelares.
>
> Uma vez que esse método independente de medir o tamanho estelar foi combinado com as informações a respeito da cor e do tipo espectral, foi possível deduzir diretamente a luminosidade de estrelas e, por extensão, calcular sua distância provável da Terra. Isso mostrou pela primeira vez que diversos tipos de estrelas aparentemente não relacionadas, com cores e características diferentes, eram, de fato, todas supergigantes altamente luminosas.

conhecido como *B2FH* (a partir do acrônimo de seus autores). Esse artigo delineava pela primeira vez o papel não apenas da fusão nuclear, mas também dos dois tipos de captura de nêutrons, o processo lento, "processo-s", e o processo rápido, "processo-r", na criação de elementos dentro de estrelas massivas. Independentemente, o astrofísico canadense Alastair G. W. Cameron estava seguindo uma linha semelhante de pesquisa, ligando o processo-r a explosões de supernovas (ver página 124). Isso provou ser o passo final crucial na explicação da origem dos elementos dentro de estrelas.

A ideia condensada: estrelas pesos-pesados têm vida curta e morrem jovens

30 Supernovas

Enquanto estrelas feito o Sol terminam sua vida na tranquilidade relativa do anel de fumaça cósmica de uma nebulosa planetária, pesos-pesados estelares têm vida rápida e morrem jovens. Terminam sua vida numa explosão espetacular de supernova que pode brevemente superar o brilho de uma galáxia inteira de estrelas normais, além de ejetar material para formação de novas estrelas pelo espaço.

As supernovas ocorrem numa taxa média de cerca de uma por século na Via Láctea, e algumas vezes podem se tornar os objetos mais brilhantes nos céus da Terra. Como tais, elas têm sido observadas e registradas ao longo da história, mais notavelmente em 1054, quando a morte violenta de uma estrela em Touro iluminou o céu à noite e deixou para trás a nuvem retalhada de gás superquente conhecida como a Nebulosa do Caranguejo. Mais tarde, em 1572, uma supernova ajudou a estremecer suposições antigas a respeito da imutabilidade dos céus e acelerou a Revolução Copernicana (ver página 7). A raridade desses objetos, no entanto, os tornou difíceis de serem estudados – desde a invenção do telescópio não se sabe da ocorrência de nenhuma na nossa galáxia. Só depois que a realidade de galáxias além da Via Láctea foi aceita, nos anos 1920, é que os estudos de supernovas realmente decolaram, já que começaram a ser avistadas e estudadas em galáxias distantes.

No rastro de supernovas Levou tempo para que os astrônomos distinguissem supernovas de novas normais, que são as explosões ocasionais de estrelas fracas (ver página 131). A primeira supernova a ser reconhecida como tal, em 1934, na realidade ocorreu quase meio século antes nas imediações da galáxia de Andrômeda. Foi necessário um grande avanço na medida de distâncias (ver página 148) para tornar claro como tinha sido violenta a explosão da "S Andromedae", em 1885. Walter Baade e Fritz Zwicky, trabalhando no Observatório Mount Wilson, na Califórnia, calcu-

linha do tempo

1921	1934	1941
J. C. Duncan descobre que a Nebulosa do Caranguejo está em expansão. Knut Lundmark nota sua proximidade com a nova de 1054	Baade e Zwicky calculam o verdadeiro brilho da nova S Andromedae, de 1885	Minkowski e Zwicky classificam supernovas em tipos distintos

laram que ela deva ter sido pelo menos 1 milhão de vezes mais luminosa do que o Sol, e cunharam o termo "supernova" para descrevê-la.

Nos anos seguintes, Zwicky, Baade e Rudolph Minkowski levaram adiante um levantamento intenso de supernovas em outras galáxias. Zwicky fez a pesquisa inicial de aparecimento de novas estrelas, Baade seguiu medindo a mudança no brilho de cada descoberta (construindo um modelo de sua "curva de luz") e Minkowski se concentrou na obtenção dos espectros. Baade, além disso, investigou potenciais supernovas históricas em nossa própria galáxia. Ele confirmou que a "nova estrela" de 1572 tinha sido de fato uma supernova e descobriu que a Nebulosa Caranguejo devia ser uma remanescente (ao invés de uma nebulosa planetária), graças à sua rápida taxa de expansão.

> **Apresentamos a opinião de que uma supernova representa a transição de uma estrela comum para uma estrela de nêutrons, consistindo principalmente de nêutrons.**
> Fritz Zwick

Com base em dados de mais de uma dúzia de supernovas individuais, Minkowski e Zwicky apresentaram, em 1941, um sistema de classificação cujas características fundamentais são usadas ainda hoje. Por meio de uma combinação de características de linhas espectrais e de diferenças na curva da luz quando ela enfraquece de volta para a escuridão, eles separaram as supernovas grosso modo em Tipos I e II, com diversas subdivisões em cada categoria. Entretanto, essa divisão é um tanto enganadora, já que os objetos classificados como supernovas Tipo IA acabaram se mostrando como tendo uma origem um tanto diferente de todo o resto (ver página 132).

Explosão de estrelas Com base no comportamento da S Andromedae, Zwicky e Baade mostraram, ainda em 1934, que uma explosão de supernova envolvia a conversão de grandes quantidades de massa em energia pura, de acordo com a famosa equação de Einstein, $E=mc^2$. Eles argumentaram que uma supernova representava a transição entre uma estrela peso-pesado e alguma coisa consideravelmente menos massiva. Além disso, eles teceram a hipótese sobre a existência de estrelas de nêutrons superdensas (ver página 128) como um possível produto final de tal explosão. Entretanto, foi só no artigo de referência *B2FH*, de 1957 (ver página 121)

1942
Baade mede a velocidade de expansão da Nebulosa do Caranguejo e a liga à supernova de 1054

1957
Os Burbidge, Fowler e Hoyle explicam como elementos pesados são formados em explosões de supernova

1987
A supernova mais brilhante dos tempos recentes, SN 1987A, aparece na Grande Nuvem de Magalhães

que Margaret e Geoffrey Burbidge, William Fowler e Fred Hoyle delinearam os processos verdadeiros em ação em uma típica supernova Tipo II.

A explicação de Hoyle da fusão do carbono em estrelas (ver página 112) convenceu-o de que os interiores das estrelas mais pesadas (mais de 8 vezes a massa do Sol) acumulariam uma série de cascas de fusão, feito uma cebola, criando elementos até o ferro e o níquel, embaixo de um envelope ampliado de hidrogênio. A absorção de energia pelo ferro em fusão, no entanto, seria maior do que a energia liberada por ele, cortando a fonte de energia da estrela. Hoyle viu que, sem a pressão da radiação para fora para sustentá-la, uma vez que a massa do núcleo inevitavelmente excedesse o Limite de Chandrasekhar de 1.4 massas solares (ver página 128), ela iria repentinamente desabar para formar uma estrela de nêutrons (ver boxe abaixo).

Colapso e rebote Roubadas do suporte, as camadas exteriores caem para dentro, e aí repicam na superfície da estrela de nêutrons produzindo uma tremenda onda de choque. Essa é a causa da supernova visível, e a compressão repentina e o aquecimento dramático das camadas exteriores da estrela liberam uma onda de reações nucleares normalmente inalcançáveis. Fundamental entre essas está o processo-r, no qual nêutrons, produzidos em abundância pela formação das estrelas de nêutrons, são capturados por núcleos pesados, como ferro. Hoyle percebeu que isso poderia produzir uma ampla gama de elementos pesados em quantidades substanciais, finalmente resolvendo o antigo problema de sua origem.

O artigo *B2FH* foi muito convincente porque suas previsões se encaixavam bem com as novas estimativas da abundância de elementos cósmicos publicadas em 1956 pelos químicos Hans Suess e Harold Urey (baseadas em medidas meticulosas de amostras de meteoritos). Entretanto, não acertou em tudo. Alastair Cameron, trabalhando independentemente, foi o primeiro a

Neutrinos de supernova

A formação de uma estrela de nêutrons envolve uma reação nuclear na qual prótons e elétrons eletricamente carregados são comprimidos para formar nêutrons. No processo, partículas subatômicas chamadas neutrinos são liberadas como subproduto, e muitas mais são emitidas como um modo de a estrela de nêutron espalhar rapidamente o excesso de calor gerado pelo seu colapso gravitacional. Os neutrinos quase não têm massa e viajam muito próximos à velocidade da luz, de modo que podem emergir da supernova muito antes que a explosão em suas camadas externas ganhe velocidade. Essas partículas rápidas são notoriamente difíceis de se detectar, mas observatórios avançados de neutrinos enterrados fundo na Terra oferecem um sistema útil de aviso precoce para supernovas iminentes, além de um meio de sondar eventos no núcleo de uma estrela em processo de explosão e em torno dele.

explicar adequadamente a importância do processo-r, e foi também necessária modelagem computacional por William Fowler, seu aluno Donald Clayton e Cameron para resolver outros problemas importantes.

A clássica supernova Tipo II (algumas vezes chamada de supernova de colapso de núcleo) ocorre em estrelas com massas de até cerca de 40-50 vezes a solar. Os eventos Tipo IB e Tipo IC, que brilham e enfraquecem de modo um tanto diferente, envolvem um mecanismo semelhante, mas ocorrem em estrelas Wolf-Rayet que soltaram uma quantidade de massa substancial de suas camadas exteriores (ver página 119). Para confundir, supernovas tipo Ia envolvem um mecanismo inteiramente diferente, e ainda mais espetacular (ver página 131).

Hipernovas

Os estágios finais de estrelas realmente massivas podem ser ainda mais dramáticos do que os de uma supernova "normal". Estrelas monstros com a massa do núcleo entre 5 e 15 vezes a do Sol desabam para formar buracos negros em seus centros (ver página 134). Esses podem capturar e rapidamente engolir material das camadas exteriores da estrela enquanto elas ainda estão no processo de explosão. Normalmente isso abafa o brilho da explosão original, mas se a estrela estiver girando rápido o suficiente, o furor de alimentação do buraco negro vai também gerar feixes potentes de partículas em movimento próximo à velocidade da luz. Quando esses interagem com o envelope exterior da estrela em explosão, podem energizar esse envelope até alcançar uma explosão de 10 a 20 vezes o brilho de uma supernova normal. Essas "hipernovas" liberam também uma explosão de raios gama de alta energia. Curiosamente, os núcleos mais massivos de todos não produzem nenhum desses efeitos – a gravidade dos buracos negros que formam é tão forte que engolem a estrela antes que possa explodir inteiramente.

A ideia condensada: estrelas supergigantes morrem em explosões violentas

31 Remanescentes estelares

No final da vida, uma estrela finalmente solta suas camadas exteriores expondo o núcleo exaurido, que passará a ser seu remanescente duradouro. As circunstâncias exatas em que ocorrem esses estertores da morte da estrela e o tipo de objeto que deixam para trás como consequência são fundamentalmente determinados pela massa geral estrelar.

Astrônomos reconhecem três principais tipos de remanescentes estelares: em ordem de densidade crescente e tamanho decrescente, esses são as anãs brancas, as estrelas de nêutrons e os buracos negros. Os últimos são os objetos mais estranhos no Universo e serão tratados com maiores detalhes no capítulo 33, mas a grande maioria de remanescentes é composta por anãs brancas ou estrelas de nêutrons. Hoje sabemos que anãs brancas são os estágios finais de estrelas com menos de oito massas solares, o que compreende a maioria esmagadora da população estelar da nossa galáxia. Estrelas de nêutrons e buracos negros são os fantasmas de estrelas mais maciças, que gastam suas vidas queimando hidrogênio como supergigantes, antes de morrerem em supernovas espetaculares (ver página 122).

Anãs brancas Todos os remanescentes estelares são muito menores do que suas estrelas genitoras e, portanto, muito mais fracos e mais difíceis de detectar. Nenhuma anã branca é visível a olho nu, mas a primeira a ser registrada foi notada como um membro do sistema de estrelas múltiplas 40 Eridani, por William Herschel, ainda em 1783. Entretanto, a significância dessa estrela só foi percebida muito mais tarde e, como resultado, as primeiras anãs brancas a serem reconhecidas como uma classe de estrelas significativa e pouco comum foram as companheiras de duas das estrelas mais brilhantes do céu: Sirius e Prócion. Friedrich Bessel notou ligeiras alterações na posição dessas duas estrelas próximas em 1844 e ligou suas oscilações à

linha do tempo

1862	1926	1931
Clark descobre a densa e pequena estrela anã branca Sirius B	Fowler descreve anãs brancas como estrelas colapsadas sustentadas por pressão de elétrons degenerados	Chandrasekhar calcula o limite superior para a massa de uma anã branca

presença de estrelas não visíveis presas em órbita com elas. Entretanto, Sirius B só foi avistada por meio de telescópio em 1862, quando observada pelo astrônomo norte-americano Alvan Graham Clark.

No início do século xx, astrônomos mediram os espectros de anãs pela primeira vez e acharam que elas eram muito semelhantes a estrelas brancas "normais", mas continham quantidades acentuadas de carbono, nitrogênio e oxigênio em suas atmosferas. Suas órbitas, enquanto isso, indicavam que deviam carregar massa significativa apesar de sua palidez. Era claro, então, que essas estrelas eram muito menores e mais densas do que aquelas na sequência principal, mas mesmo assim tinham superfícies extremamente quentes. Como a massa delas não poderia ser sustentada por pressão de radiação, como acontece em estrelas maiores, alguma outra coisa devia evitar que as anãs brancas colapsassem inteiramente sob seu próprio peso.

> **"À medida que o diagrama fluía sob a caneta, pude ver que o sinal era uma série de pulsos... que aconteciam com uma diferença de 1 1/3 de segundo entre eles."**
> Jocelyn Bell Burnell

Matéria exótica Willem Luyten chamou esses estranhos pesos-pesados de anãs vermelhas em 1922, mas uma explicação para suas propriedades pouco comuns teve de esperar até 1926, quando o físico Ralph H. Fowler aplicou um recém-descoberto fenômeno de física de partículas ao problema. O princípio de exclusão de Pauli afirma que partículas subatômicas como elétrons não podem ocupar o mesmo estado quântico simultaneamente, de modo que em situações extremas – tais como as de uma estrela em colapso – elas criam uma "pressão de elétron degenerado". Essa pressão impede que as anãs brancas caiam, como um todo, sob seu próprio peso, criando, em vez disso, uma estrela superdensa mais ou menos do tamanho da Terra.

Um aspecto curioso da pressão de elétron degenerado é que, quanto mais matéria o objeto contiver, menor e mais denso ele vai ficar. Por fim, é ultrapassado um limiar em que até a pressão dos elétrons não consegue evitar seu colapso. Em 1931, o astrofísico indiano Subrahmanyan Chandrasekhar calculou o limite superior da massa de uma anã branca pela primeira vez (cerca de 1,4 massa solar pelas medidas modernas). Esse importante Limite de

1934
Baade e Zwicky preveem a existência de estrelas de nêutrons como remanescentes de supernova

1939
Oppenheimer e Volkoff descobrem um limite superior para a massa de estrelas de nêutron usando trabalho anterior de Tolman

1967
Bell e Hewish descobrem o primeiro pulsar

Magnetars

Uma forma pouco comum de estrela de nêutron, os magnetars podem oferecer uma explicação possível para alguns dos eventos mais violentos na galáxia, os chamados "repetidores de raios gama moles", que emitem poderosas rajadas de raios x e até os mais energéticos raios gama. Magnetars são estrelas de nêutrons com um período de rotação singularmente lento, medidos em segundos, em vez de frações de segundo, e um campo magnético singularmente potente gerado durante o colapso inicial da estrela de nêutrons e sustentado por sua estrutura interna. A força do campo diminui rapidamente ao longo de alguns milhares de anos, mas, enquanto persiste, imensos abalos sísmicos estelares na superfície da estrela de nêutrons que está se estabelecendo podem levar ao rearranjo repentino do campo magnético, liberando energia que alimenta as rajadas de raios gama.

Chandrasekhar corresponde à massa geral estelar de cerca de 8 vezes a do Sol. Chandrasekhar acreditava que, além disso, uma anã branca iria inevitavelmente colapsar em um buraco negro.

Embora Chandrasekhar tenha essencialmente acertado na matemática, ele não poderia saber que há um estágio intermediário entre anãs brancas e buraco negro. A confirmação, em 1933, da existência das partículas subatômicas chamadas de nêutrons abriu uma nova área à exploração dos físicos. Logo ficou claro que os nêutrons produzem sua própria pressão degenerada, que age em escalas ainda mais curtas do que a pressão entre elétrons. Um ano mais tarde, Walter Baade e seu colega, Fritz Zwicky, previram a existência de estrelas de nêutrons como um produto final de explosões de supernova (ver página 124). Eles argumentaram que a degeneração de nêutrons poderia sustentar estrelas além do Limite de Chandrasekhar, interrompendo seus colapsos em diâmetros de apenas 10 a 20 quilômetros. O tamanho minúsculo desses objetos, aparentemente, faria com que fosse impossível observá-los diretamente.

Faróis cósmicos Embora estrelas de nêutron fossem indubitavelmente objetos hipotéticos interessantes, sua suposta invisibilidade significava que pouca gente se incomodava em investigá-las mais profundamente. Então, em novembro de 1967, a pesquisadora PhD de Cambridge Jocelyn Bell se deparou com um curioso sinal de rádio periódico vindo do céu. Com duração de apenas 16 milissegundos e com repetição a cada 1,3 segundo, esse sinal vinha de um objeto não maior do que um planeta. Primeiramente, foi apelidado de LMG-1, uma referência à possibilidade de que pudesse ser um sinal vindo de "homenzinhos verdes" alienígenas. A descoberta de sinais semelhantes em outras partes do céu logo eliminou essa possibilidade, e a caça de uma explicação se focou nos remanescentes estelares extremos.

Por uma notável coincidência, o astrofísico italiano Franco Pacini tinha publicado um artigo científico poucas semanas antes, discutindo como a conservação de momento e os campos magnéticos iriam afetar o núcleo de uma estrela colapsada. As estrelas de nêutrons, argumentou ele, podiam girar com extrema rapidez, enquanto seus campos magnéticos canalizariam matéria e radiação emitidos para feixes intensos saindo de seus polos. Pacini e outros logo confirmaram que Bell tinha tropeçado em um desses objetos – um farol cósmico agora conhecido como um pulsar. Entretanto, foi o orientador do doutorado de Bell, Antony Hewish, junto com o pioneiro em radioastronomia, Martin Ryle, que receberam o Prêmio Nobel de Física pela descoberta.

Estrelas de quarks

Se o núcleo de uma estrela em processo de colapso tem uma massa acima do chamado Limite de Tolman-Oppenheimer-Volkoff (TOV) – alguma coisa entre 2 e 3 vezes a massa do Sol –, então nem a degeneração de nêutrons conseguiria criar pressão suficiente para interromper seu colapso. Costumava-se supor que um núcleo desses iria desabar imediatamente num buraco negro quando seus nêutrons se desintegrassem em partículas componentes, conhecidas como quarks, mas físicos nucleares modernos sugeriram uma possível parada no processo sob a forma de estrelas de quarks. Esses objetos estranhos são sustentados por um tipo de pressão de degeneração entre os próprios quarks. A matéria do quark só pode ficar estável sob temperaturas e pressões extremas, e pode interromper o colapso num diâmetro de cerca de metade de uma estrela de nêutrons, por volta de 10 quilômetros. É também possível que matéria de quark possa criar um núcleo superdenso dentro de uma estrela de nêutron, potencialmente permitindo que ela sobreviva além do limite TOV.

A ideia condensada: a morte de estrelas deixa para trás os objetos mais estranhos no Universo

32 Estrelas binárias extremas

Quando os astrônomos investigaram reinos além da luz visível, no século XX, foi revelada uma variedade de objetos exóticos, tais como estrelas que emitem intensos raios X e sinais de rádio. A explicação para esses sistemas estranhos resultou nas interações entre estrelas normais e restos de estrelas.

Em um artigo de 1941, que procurava explicar as propriedades de uma curiosa binária eclipsante (ver página 96) chamada Beta Lyrae, Gerard Kuiper sugeriu que estrelas num sistema binário podem algumas vezes orbitar próximo o suficiente para que a matéria seja transferida entre elas. Kuiper modelou o que aconteceria se uma ou ambas as estrelas em tal sistema transbordassem seu lóbulo de Roche (o limite em que podem se manter inteiras contra a atração gravitacional de uma vizinha). No processo, ele mostrou que o material não seria apenas arrastado diretamente de uma estrela para outra, mas se acumularia num "disco de acreção" acima do equador da estrela receptora. Isso é particularmente provável de acontecer em sistemas em que um resto de estrela pequeno, denso, é acompanhado por uma gigante vermelha inchada com um controle relativamente fraco sobre suas camadas exteriores de gás (um cenário que pode aparecer porque estrelas de massas diferentes envelhecem em velocidades diferentes). Em tal situação, a estrela menos massiva e inicialmente mais fraca pode acabar como a mais luminosa do par, orbitada por uma pequena, mas massiva, anã branca, ou até (se a estrela virar supernova) uma estrela de nêutrons ou um buraco negro. Combinado com a presença de um disco de acreção, um sistema desses pode produzir uma série de efeitos.

Variáveis cataclísmicas Curiosamente, binárias envolvendo a forma menos extrema de remanescente estelar (uma anã branca) produzem os resultados mais violentos e espetaculares. Além de ocasionais explosões este-

linha do tempo

1892
É detectado gás em expansão em torno da nova T Aurigae, revelando sua natureza explosiva

1941
Kuiper propõe a existência de binárias de contato como uma explicação para a estrela Beta Lyrae

1967
Shklovsky delineia o modelo do disco de acreção de estrelas de raios X binárias, usado para detectar estrelas de nêutrons e buracos negros

lares conhecidas como novas, ou "variáveis cataclísmicas", elas podem produzir as explosões mais raras e ainda mais impressionantes chamadas supernovas Tipo ia. A distinção entre essas duas classes de eventos só se tornou clara nos anos 1930, graças à caça de Fritz Zwicky e Walter Baade por supernovas em outras galáxias (ver página 123).

A primeira nova a ser ligada a uma explosão foi τ Aurigae, que explodiu da obscuridade, em 1892, para se tornar uma estrela visível a olho nu. Estudos espectroscópicos sugeriram que ela era rodeada por uma casca de gás em rápida expansão, e uma teoria inicial sugeriu que novas eram criadas quando estrelas se movimentavam através de nuvens densas de gás interestelar e as aqueciam à incandescência. A explicação verdadeira só apareceu a partir dos anos 1950, quando astrônomos estabeleceram que sistemas de novas esmaecidas são em geral binários, com uma única estrela visível orbitada por uma companheira pequena, com muita massa.

Nos anos 1970, o astrônomo norte-americano Sumner Starrfield e diversos colegas conseguiram estabelecer que as estrelas companheiras menores em sistemas de nova eram anãs brancas, desenvolvendo um modelo de "detonação termonuclear" para explicar o que estava acontecendo. De acordo com essa teoria, as novas só ocorriam em sistemas binários apertados em que a estrela maior do sistema transborda seu lóbulo de Roche, permitindo que a anã branca puxe material de seu envelope gasoso estendido. O gás capturado do disco de acreção se acumula para criar

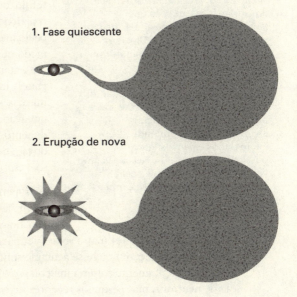

Na maior parte das vezes, a anã branca em um sistema de nova constantemente atrai material de sua estrela companheira [1] acumulando uma atmosfera em torno dela por disco de acreção. Ocasionalmente [2] a atmosfera torna-se tão quente e tão densa que explode em uma tempestade de fogo nuclear.

1. Fase quiescente

2. Erupção de nova

1971-4
Starrfield e colegas explicam as novas como explosões termonucleares associadas a anãs brancas em contato com sistemas binários

1973
John Whelan e Icko Iben, Jr. explicam supernovas tipo ia por meio do colapso súbito de uma estrela anã branca

1974
Warner explica a origem de erupção de uma nova anã

Novas anãs

Algumas explosões de novas ocorrem em uma escala muito menor do que o habitual, e em períodos semirregulares que variam entre dias e anos. Essas "novas anãs" (muitas vezes chamadas de estrelas U Geminorum, por causa do protótipo descoberto em 1855) envolvem o mesmo tipo de transferência de material de sistemas binários visto nas "novas clássicas", muito mais brilhantes. Em 1974, o astrônomo britânico Brian Warner delineou pela primeira vez como elas geram suas explosões por meio de mecanismos bastante diferentes. Material capturado no disco de acreção alcança densidades tão altas que se torna instável, detonando um colapso súbito na superfície da anã branca e uma dramática explosão que lentamente desaparece antes que o sistema volte ao normal. Diversas centenas de estrelas U Geminorum foram descobertas, revelando um claro padrão entre a intensidade e a frequência de suas erupções: quanto maior a espera entre explosões, mais brilhantes elas serão. Alguns astrônomos estão, portanto, interessados em investigar a possibilidade de usar novas anãs como velas padrão – um meio de calibrar distâncias através da nossa e outras galáxias.

uma camada de hidrogênio em torno da própria anã, comprimida pela poderosa gravidade e também aquecida pela superfície incandescente embaixo. Por fim, as condições na atmosfera de hidrogênio ficam tão extremas que há o domínio da fusão nuclear, queimando seu caminho através da atmosfera em uma reação em cadeia que pode durar várias semanas. Uma vez esgotado o suprimento de hidrogênio, a nova enfraquece, mas o processo pode se restabelecer e eventualmente se repetir em uma chamada "nova recorrente". Entre explosões, a radiação do material que entra no disco de acreção faz com que a emissão geral de luz do sistema varie de um modo muito característico.

Estrelas em desintegração A intensidade de explosões de novas e o período entre as erupções repetidas dependem da dinâmica exata do sistema, de modo que duas novas não são idênticas. No entanto, o mesmo não pode ser dito para o irmão maior da variável cataclísmica, a supernova tipo IA, e realmente um avanço fundamental no nosso entendimento moderno do Universo depende do fato de que a intensidade dessas explosões espetaculares é sempre a mesma.

As supernovas tipo IA se desenvolvem a partir de sistemas de novas em que uma anã branca está próxima ao Limite de Chandrasekhar, de 1,4 massa solar (ver página 128). Os astrônomos costumavam supor que, se houvesse acúmulo suficiente de massa na atmosfera da anã, ela simplesmente sofreria um colapso súbito e violento para uma estrela de nêutrons, mas pesquisas recentes sugeriram que, antes de isso acontecer, a crescente pressão interna detona uma nova onda de fusão no carbono e no oxigênio encerrados lá dentro. Como seu material é degenerado, a anã branca não pode se expandir da mesma forma que uma estrela normal, de modo que a temperatura em seu núcleo dispara a bilhões de graus e a fusão foge ao controle. As condições de degeneração são finalmente quebradas em uma explosão súbita e dramática que destrói completamente a estrela e cujo pico de brilho é cerca de 5 bilhões mais luminoso do que o Sol. Como as supernovas tipo IA sempre envolvem a conversão da mesma quantidade de massa em energia, os cosmólogos as usam como velas padrão para medir a distância a galáxias remotas (ver página 186).

Binárias de raios x Se a estrela invisível num sistema binário for uma estrela de nêutrons ou um buraco negro, os resultados podem ser muito diferentes. Em vez de produzir rajadas visíveis intermitentes, a matéria que cai no disco de acreção é rasgada em tiras e aquecida por força de marés extremas graças ao campo gravitacional muito mais intenso dos remanescentes estelares. As temperaturas da ordem de milhão de graus, partes do disco se tornam fontes fortes, mas variáveis, de raios x de alta energia – um mecanismo usado por Iosif Shklovsky, em 1967, para explicar por que algumas estrelas visíveis também são aparentemente fontes brilhantes de raios x.

A grande maioria de estrelas de nêutrons identificadas até agora são conhecidas a partir de binárias de raios x ou de mecanismo de pulsares (ver página 129), e até muito recentemente as binárias de raios x têm sido o único meio de localizar buracos negros de massa estelar (ver página 129). Entretanto, não há tampouco razão teórica por que binárias não devam existir contendo duas estrelas de nêutrons ou até dois buracos negros – e realmente pensa-se que tais sistemas constituem uma proporção substancial de todas as binárias extremas. A poderosa gravidade entre remanescentes estelares em quaisquer tipos de binárias cria fortes marés que as enviam espiralando na direção uma da outra num inevitável curso de colisão cujos momentos finais disparam a formação de ondas gravitacionais (ver página 193). Enquanto a união de dois buracos negros não deve produzir qualquer explosão para o exterior, fusões entre estrelas de nêutrons podem ser responsáveis por enormes rajadas de raios gama, e houve argumentação de que elas poderiam também oferecer outros meios de formação para os elementos mais pesados no Universo.

> **"Algo do tamanho de um asteroide é uma fonte brilhante, piscante de raios x, visível pelas distâncias interestelares. O que isso poderia possivelmente ser?"**
> **Carl Sagan**

A ideia condensada: estrelas nos sistemas binários podem ter ciclos de vida radicalmente diferentes

33 Buracos negros

A ideia de objetos com tanta massa que a luz não consegue escapar de sua gravidade existe há um tempo espantosamente longo, mas a compreensão da física envolvida em tais estranhos objetos não é uma tarefa fácil, e rastrear um objeto que não emite qualquer luz pode ser ainda mais difícil.

Em 1915, Albert Einstein publicou sua Teoria da Relatividade Geral. Esse modelo unificava espaço e tempo em um *continuum* espaço-tempo de 4 dimensões, que podia ser distorcido por grandes acúmulos de massa, fazendo surgir o efeito que experimentamos como gravidade (ver página 192). Ele descreveu a teoria por meio de equações de campo, e poucos meses mais tarde Karl Schwarzschild usou essas equações para investigar como o espaço-tempo poderia ser distorcido em torno de uma grande massa ocupando um único ponto no espaço.

Schwarzschild mostrou que se qualquer massa for comprimida para além de determinado tamanho (agora conhecido como o raio de Schwartzschild), a descrição dada pelas equações de Einstein entraria em colapso: em linguagem matemática, o objeto se tornaria uma singularidade. Além disso, a velocidade necessária para escapar da gravidade do objeto (o que agora chamamos de velocidade de escape) seria maior do que a velocidade da luz. Como essa é a maior velocidade no Universo, de acordo com a relatividade, tal objeto efetivamente seria inescapável.

Arthur Eddington, que já fizera muito para defender a teoria de Einstein (ver página 193), considerou tais objetos comprimidos em seu livro sobre estrutura estelar, de 1926, e refinou significativamente a ideia básica.

Como a velocidade da luz é constante, a luz dessa estrela superdensa não pode, na verdade, ficar mais lenta. Em vez disso, argumentou Eddington, ela deve perder energia, sendo cada vez mais desviada do vermelho para comprimentos de onda mais longos. Quando a estrela é comprimida abaixo de seu raio de

linha do tempo

1783	1915	1926	1931
Michell prevê a existência de estrelas escuras com uma gravidade tão alta que a luz não consegue escapar	Schwartzschild prevê a existência de buracos negros a partir de sua análise da relatividade geral	Eddington mostra como singularidades iriam desviar para o vermelho a luz em torno delas	Chandrasekhar defende que as singularidades podiam resultar do colapso dos núcleos das estrelas mais massivas

Schwartzschild, sua luz é efetivamente mudada de vermelho para o invisível.

Da teoria à realidade Os estranhos objetos de Schwartzschild, no entanto, permaneceram puramente teóricos até 1931, quando Subrahmanyan Chandrasekhar sugeriu que eles seriam inevitavelmente o resultado do colapso de um núcleo estelar contendo mais do que 1,4 massa solar de material (ver página 128). Chandrasekhar argumentou que não havia como uma estrela gerar pressão suficiente para contrabalançar sua própria gravidade. Ele não previu a descoberta, mais tarde, das estrelas de nêutron, mas em 1939, Robert Oppenheimer e seus colegas mostraram que até essas estrelas superdensas têm um limite superior de massa, por volta de três massas solares. Oppenheimer defendeu que quando a estrela em colapso passasse o raio de Schwatzschild, a passagem do tempo sofreria uma parada e, desse modo, durante algum tempo esses objetos contraintuitivos se tornaram conhecidos como estrelas congeladas.

Uma nova era no estudo dos buracos negros começou em 1958, quando o físico norte-americano David Finkelstein redefiniu o raio de Schwarzschild como um "horizonte de eventos". Dentro desses limites, o colapso da estrela continuava a formar um ponto infinitamente denso no espaço (a verdadeira singularidade), mas, a partir de um ponto de observação do lado de fora, nenhuma informação poderia fugir do horizonte – e qualquer coisa que atravessasse esse limite estaria fadada a uma viagem sem volta.

Previsão de estrelas escuras

Em 1783, o clérigo e astrônomo inglês John Michell apresentou um artigo notavelmente presciente à Royal Society, em Londres. Na época, a maior parte dos cientistas seguia a teoria corpuscular da luz, de Isaac Newton, na qual a luz consistia em minúsculas partículas que se movem em alta velocidade. Michell raciocinou que tais partículas seriam afetadas pela gravidade e que, portanto, era teoricamente possível para uma estrela ter uma gravidade tão intensa que a velocidade necessária para escapar dela ultrapassaria a velocidade da luz. Nesse caso, ele argumentou, que o resultado seria uma "estrela escura" – um objeto que não emitiria qualquer radiação, mas poderia, mesmo assim, ser detectado por sua influência gravitacional sobre objetos visíveis, por exemplo, se tal estrela existisse em um sistema binário. O artigo de Michell foi uma previsão impressionante do fenômeno do buraco negro, mas seu trabalho não recebeu qualquer atenção até os anos 1970, época em que os buracos negros foram descobertos por outros meios.

1958
Finkelstein desenvolve a ideia do horizonte de eventos

1963
Roy Kerr modela buracos negros em rotação, o tipo com maior probabilidade de ser encontrado na natureza

1969
Lynden-Bell propõe buracos negros supermassivos como possível explicação para a atividade de quasares

1973
Webster, Murdin e Bolton demonstram que Cygnus x-1 é um provável buraco negro

2015
É detectada uma fusão de buraco negro pela primeira vez através de ondas gravitacionais

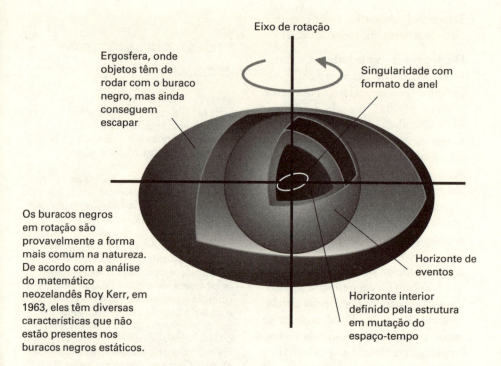

Eixo de rotação

Ergosfera, onde objetos têm de rodar com o buraco negro, mas ainda conseguem escapar

Singularidade com formato de anel

Os buracos negros em rotação são provavelmente a forma mais comum na natureza. De acordo com a análise do matemático neozelandês Roy Kerr, em 1963, eles têm diversas características que não estão presentes nos buracos negros estáticos.

Horizonte de eventos

Horizonte interior definido pela estrutura em mutação do espaço-tempo

Além do horizonte de eventos Durante os anos 1960 e início dos anos 1970, os cosmologistas examinaram mais profundamente as propriedades das informações desses estranhos objetos, descobrindo que suas propriedades eram influenciadas apenas pela massa de material que continham, seu momento angular e sua carga elétrica. De acordo com o "teorema da calvície", qualquer outra informação estaria irrecuperavelmente perdida. A expressão "buraco negro" para descrever esses objetos foi cunhada pela jornalista Ann Ewing em uma notícia de 1964, e ganhou popularidade quando foi adotada pelo físico John Wheeler, alguns anos mais tarde.

Em 1969, o astrofísico britânico Donald Lynden-Bell sugeriu pela primeira vez que os buracos negros poderiam não estar limitados a objetos de massa estelar, discutindo que o desaparecimento de matéria dentro de uma enorme "garganta de Schwartzschild" com uma massa de milhões de Sóis poderia resultar na atividade estranha e violenta vista nos corações das galáxias ativas (ver capítulo 38). Tal objeto, agora chamado de buraco negro supermassivo, poderia ser iniciado por alguma coisa tão simples quanto o colapso de uma enorme nuvem de material interestelar em uma galáxia jovem. Em 1971, Lynden-Bell e seu colega Martin Rees chegaram a sugerir que um buraco negro adormecido formava a âncora gravitacional no coração da nossa própria galáxia (ver página 142).

Detecção de buracos negros   Em 1974, um jovem físico chamado Stephen Hawking ganhou fama ao mostrar que, apesar de nenhuma radiação escapar de seu interior, efeitos de física quântica fariam com que um buraco negro *gerasse* radiação de baixa intensidade em seu horizonte de eventos, com um comprimento de onda relacionado à sua massa. Entretanto, essa radiação de Hawking é tão fraca a ponto de ser indetectável, de modo que os buracos negros são, para todos os efeitos, invisíveis.

Para sorte dos astrônomos, no entanto, condições em torno dos buracos negros são tão extremas que elas produzem outros efeitos que podem ser detectados. Especificamente, raios x são emitidos de material que cai dentro de um buraco negro à medida que forças de marés resultantes da enorme gravidade o dilaceram e o aquecem a temperaturas da ordem de milhão de graus. Nos anos 1960, diversas fontes de raios x astronômicas foram descobertas por instrumentos montados em foguetes, e centenas mais foram encontradas depois do lançamento do primeiro satélite dedicado à astronomia de raios x, Uhuru, em 1970. Muitas dessas mostraram ser nuvens de gás superquente dentro de aglomerados de galáxias distantes (ver página 159), mas algumas eram compactas e pareciam estar associadas a estrelas visíveis na Via Láctea.

O cenário mais provável para explicar essas fontes brilhantes, rapidamente variáveis, era um chamado "binário de raios x". São remanescentes estelares compactos, mas que sugam material de uma estrela companheira, visível (ver página 133). Em geral, esses sistemas envolvem estrelas de nêutrons, mas, em 1973, os astrônomos britânicos Louise Webster e Paul Murdin, junto com o canadense Thomas Bolton, investigaram a brilhante fonte de raio x Cygnus x-1, e mediram o desvio Doppler da luz de sua contraparte visível, uma estrela supergigante azul. Isso revelou que a estrela está presa em órbita em torno de uma companheira invisível com mais de 8 vezes a massa do Sol. Um objeto desses só poderia ser um buraco negro. Essa ideia básica de detectar um buraco negro pela influência dele sobre uma estrela companheira foi, desde então, usada para detectar diversos sistemas similares.

> **"Os buracos negros da natureza são os objetos macroscópicos mais perfeitos existentes no Universo."**
> **S. Chandrasekhar**

A ideia condensada: não há fuga dos objetos mais densos no Universo

34 A galáxia da Via Láctea

A Via Láctea é uma faixa de luz pálida que se envolve em torno do céu noturno. Celebrada desde as épocas pré-históricas, sua natureza mais profunda só foi revelada com a invenção do telescópio, e sua identidade como um vasto sistema espiral de estrelas só foi definida no século XX.

Não é surpresa que a Via Láctea tenha sido um dos primeiros alvos do astrônomo italiano Galileo Galilei, que voltou seu telescópio primitivo na direção dela em janeiro de 1610. Ao descobrir que era cravada de inúmeras estrelas que não podiam ser vistas a olho nu, ele concluiu que a faixa inteira abrangia inúmeras outras estrelas além do alcance do instrumento. Avançando ainda mais, argumentou que aquela "nebulosa" indistinta, parecendo uma nuvem, era também feita de estrelas distantes (uma conclusão correta em alguns casos, mas não em todos).

Só em 1750, no entanto, foi que o astrônomo inglês Thomas Wright defendeu que a Via Láctea devia ser uma vasta nuvem de estrelas em rotação, confinada pela gravidade a um único plano, com uma estrutura amplamente semelhante ao nosso próprio sistema solar. Cinco anos mais tarde, Immanuel Kant discutiu uma galáxia parecida com um disco, sugerindo, com considerável presciência, que era apenas um de muitos "universos-ilha", alguns dos quais eram visíveis a imensas distâncias como nebulosas.

Mapeamento da Via Láctea   William Herschel fez a primeira tentativa de mapear a Via Láctea nos anos 1780. Ele contou o número de estrelas em diferentes áreas do céu e supôs que todas as estrelas tinham o mesmo brilho inerente, de modo que sua magnitude aparente era uma indicação direta de sua distância. Isso o levou a mapear nossa galáxia como uma bolha amorfa com o Sol próximo ao centro. Após mais de um século, o astrônomo holandês Jacobus Kapteyn liderou um esforço muito mais exaustivo para

linha do tempo

c.1000-1300	1610	1750	1785	1921
Vários astrônomos islâmicos discutem que a Via Láctea é feita da luz de inúmeras estrelas	Galileu faz o primeiro estudo telescópico da Via Láctea e descobre muitas novas estrelas	Wright faz a primeira estimativa da forma da galáxia, baseado na distribuição das estrelas	Herschel publica o primeiro mapa da Via Láctea	Shapley identifica o centro aproximado da Via Láctea a partir da distribuição de aglomerados globulares

repetir o trabalho de Herschel, usando instrumentos mais potentes e toda uma série de dados astronômicos para calcular o brilho verdadeiro das estrelas. Entretanto, o levantamento de Kapteyn, finalmente publicado em 1922, chegava mais ou menos às mesmas conclusões, propondo uma galáxia no formato de uma lente com uns 40 mil anos-luz de diâmetro e o Sol próximo ao seu centro.

Por ironia, na época em que Kapteyn publicou sua obra, já tinha sido feita uma descoberta que solapava sua visão da galáxia. Em 1921, Harlow Shapley compilou seu próprio levantamento dos densos aglomerados globulares de estrelas encontrados em algumas partes do céu (ver página 84). Ele concluiu que estavam fracamente aglomerados em torno de uma região distante do espaço, na direção da constelação de Sagitário. Isso, Shapley acreditava, era o verdadeiro centro da Via Láctea, com nosso sistema solar localizado bem longe, nos limites exteriores de seu amplo disco.

Entretanto, Shapley errou em uma coisa: na sua estimativa do verdadeiro tamanho da Via Láctea. Com base em estimativas erradas da distância dos aglomerados globulares, ele supôs que ela tinha imensos 300 mil anos-luz de diâmetro. Isso começou a ser corrigido a partir de 1927, quando Jan Oort passou a demonstrar uma teoria (proposta pouco antes pelo sueco Bertil Lindblad) de que as estrelas rodavam em velocidades diferentes, dependendo da distância entre elas e o centro da galáxia. As medidas cuidadosas de Oort permitiram que ele desenvolvesse uma fórmula para calcular essa "rotação diferencial", e provou que o sistema solar estava a cerca de 19 mil anos-luz do centro de uma galáxia que tinha uns 80 mil anos-luz de diâmetro. Essa é uma ligeira subestimativa dos valores modernos de 26 mil e 100 mil anos-luz, respectivamente.

Braços espirais A primeira confirmação da estrutura em espiral da Via Láctea foi desenvolvida a partir da tentativa de William W. Morgan de mapear a distribuição de aglomerados abertos no início dos anos 1950. Morgan identificou três cadeias distintas de aglomerados que ele sugeriu que podiam ser fragmentos de braços espirais, e sua descoberta foi confir-

> **"A Via Láctea não passa de uma massa de inúmeras estrelas plantadas em aglomerados."**
> **Galileu Galilei**

1927-40
Oort determina a escala da galáxia a partir de movimentos estelares

1930
Robert Trumpler cataloga aglomerados abertos na Via Láctea e identifica poeira que absorve luz entre as estrelas

1956
Oort confirma a estrutura espiral da Via Láctea a partir do mapeamento de nuvens de hidrogênio

2005
Observações de infravermelho confirmam que a nossa galáxia é uma espiral barrada

mada alguns anos mais tarde, quando Jan Oort usou observações de rádio para mapear a distribuição de nuvens de hidrogênio atômico neutro pela galáxia. Sinais de rádio emitidos pelo hidrogênio, com um comprimento de onda de 21 centímetros, penetravam pelas nuvens de estrelas e faixas de poeira interpostas, permitindo que Oort mapeasse a galáxia em uma escala muito maior do que Morgan havia conseguido.

Criação de braços espirais

A rotação diferencial da nossa galáxia significa que seus braços espirais não têm possibilidade de serem estruturas físicas permanentes – se fossem, as regiões de rotação mais rápida próximas ao centro galáctico fariam com que elas se "enrolassem" e desaparecessem em apenas algumas poucas rotações. Em vez disso, a estrutura espiral tem de ser constantemente regenerada.

Hoje, sabemos que os braços espirais são regiões de evidente formação de estrelas dentro de um disco de estrelas, gás e poeira que envolve o centro. Objetos individuais entram e saem dessas regiões ao longo de dezenas de milhões de anos – estrelas vão mais devagar e se amontoam, como carros dentro de um engarrafamento, enquanto nuvens interestelares são comprimidas para detonar a criação de novas estrelas. As mais brilhantes e mais massivas têm um período de vida tão curto que envelhecem e morrem antes de terem a chance de sair das regiões do berçário e se juntar à população geral no disco.

Mas, como é que surge essa região de "engarrafamento"? A melhor explicação viável, proposta por Chia-Chiao Lin e Frank Shu no final dos anos 1960, é conhecida como a teoria da onda de densidade. Ela se baseia no fato de que todos os objetos que orbitam o centro da galáxia seguem órbitas elípticas, em vez de perfeitamente circulares, e se movem mais lentamente próximo à beirada dessas órbitas. Quando uma influência exterior, como uma interação com uma pequena galáxia satélite, puxa essas órbitas para um alinhamento, o resultado é uma zona em espiral onde estrelas e outros materiais têm maior probabilidade de serem encontrados.

Esse esquema mostra como áreas em espiral de densidade mais alta surgem naturalmente, quando um número de órbitas elípticas são influenciadas por quantidades ligeiramente diferentes, como durante um contato imediato de uma galáxia.

À medida que os astrônomos dominaram essas novas técnicas, apareceu uma imagem de uma espiral com quatro grandes braços e diversas estruturas menores, chamadas esporas, correndo entre eles (uma dessas, o Braço de Orion, é a mais próxima do nosso próprio sistema solar). A Via Láctea é geralmente considerada uma espiral "normal", dotada de um centro ovoide, mas nos anos 1970 novos mapas de rádio começaram a sugerir uma zona de formação de estrela em forma de barra estendendo-se para cada lado, e um enorme anel de nascimento de estrelas rodeando o centro galáctico num raio de cerca de 16 mil anos-luz. Do espaço intergaláctico, esse anel pode muito bem ser a característica dominante da nossa galáxia.

Em 2005, observações infravermelhas do Telescópio Espacial Spitzer da NASA confirmaram a existência de uma barra central, traçando a distribuição de gigantes vermelhas por uma extensão de 28 mil anos-luz e confirmando,

Um mapa simplificado da Via Láctea mostra a posição do nosso sistema solar e das principais características da galáxia.

além de qualquer dúvida, que a Via Láctea é de fato uma espiral *barrada* (ver página 148). Galáxias desse tipo têm dois braços espirais principais (um saindo de cada extremidade da barra), e em 2008 o astrônomo Robert Benjamin, da Universidade de Wisconsin, usou as observações de Spitzer para rastrear uma concentração de gigantes vermelhas mais frias em dois braços. Entretanto, em 2013, um novo levantamento por rádio restabeleceu a separação de novas regiões de formação de estrelas e jovens estrelas em *quatro* braços principais.

Sem dúvida, serão necessários mais estudos para resolver essa discrepância entre estrelas velhas e jovens, mas a solução poderá se mostrar conectada com as séries de colisões constantes da nossa galáxia com a menor galáxia Anã Elíptica de Sagitário. De acordo com uma modelagem computacional publicada em 2011, essa pequena galáxia – atualmente a cerca de 50 mil anos-luz de distância no lado mais longe do centro galáctico – é quase certamente responsável por dar à Via Láctea seu atual feitio de estrutura espiral.

A ideia condensada: nossa galáxia é uma espiral de estrelas, com o Sol longe do centro

35 O coração da Via Láctea

A região central da nossa galáxia fica a 26 mil anos-luz de distância, na constelação de Sagitário. Densas nuvens estelares interpostas bloqueiam inteiramente o centro propriamente dito da observação visual, mas novas descobertas em astronomia com base em rádio e no espaço revelaram a presença de um monstro adormecido no coração da galáxia: um buraco negro com massa de 4 milhões de sóis.

Seguindo-se à descoberta de Harlow Shapley do centro verdadeiro da nossa galáxia em 1921 (ver página 139), os astrônomos naturalmente voltaram suas atenções para o estudo dessa intrigante área do céu. Apesar das técnicas limitadas existentes na época, logo foram capazes de comparar a estrutura da Via Láctea com as das chamadas nebulosas espirais, que nos anos 1920 tinham sido recém-confirmadas como sendo, elas mesmas, galáxias. Eles logo concluíram que o centro da nossa galáxia é marcado por um bojo com largura de 20 mil anos-luz formado por estrelas vermelhas e amarelas da População II (ver boxe na página 143). Mas o que poderia ter reunido essa enorme nuvem de estrelas?

A ideia de que os núcleos das galáxias possam esconder buracos negros supermassivos" com massa de milhões de Sóis surgiu de tentativas de se explicar quasares e outras galáxias ativas nos anos 1960 e 1970 (ver página 154). Em 1971, Donald Lynden-Bell e Martin Rees sugeriram que buracos negros supermassivos adormecidos poderiam estar no centro de todas as galáxias, inclusive da Via Láctea, funcionando como o miolo gravitacional em torno do qual gira o sistema inteiro. Sem ter como ver através das nuvens de estrelas interpostas na luz visível, e com as observações com base no espaço ainda incipientes, a evidência inicial corroborando as ideias de Lynden-Bell e Rees emergiu do campo da radioastronomia.

linha do tempo

1921	1933	1971	1974
Shapley localiza o centro da nossa galáxia em uma parte distante em Sagitário	Jansky identifica emissões de rádio vindas das regiões centrais da galáxia	Lynden-Bell e Rees sugerem que há um buraco negro massivo no coração da Via Láctea	Brown e Balick identificaram a fonte de rádio compacta Sagitário A*

Sinais do núcleo O primeiro radiotelescópio foi um arranjo improvisado de antenas, muito diferente das antenas parabólicas mais recentes. Construído pelo físico Karl Jansky nos laboratórios da Bell Telephone, em Nova Jersey, por volta dos anos 1930, possuía apenas capacidades direcionais rudimentares, mas foram suficientes para que Jansky identificasse um sinal de rádio do céu, que parecia nascer e se pôr diariamente. No início, o sinal parecia combinar com o movimento do Sol, mas ao longo de vários meses Jansky notou que ele se desviava: nascendo e se pondo um pouco mais cedo a cada dia, seu movimento estava, na verdade, seguindo a rotação das estrelas. Em 1933 ele foi capaz de anunciar a detecção de ondas de rádio vindas da Via Láctea, e mais fortes na direção de Sagitário.

Essa fonte de rádio central, mais tarde designada Sagitário A, permaneceu uma bolha amorfa, difusa, até os anos 1960, quando astrônomos finalmente conseguiram decompô-la em detalhes mais minuciosos. Ela era dividida em duas unidades distintas, oriental e ocidental: a metade oriental é hoje reconhecida como um resto de supernova, enquanto "Sagitário A Oeste" é uma curiosa estrutura espiral com três braços. Então, em 1974, Robert Brown e Bruce Balick fixaram um terceiro elemento distinto. Esse era uma fonte muito mais compacta dentro de Sagitário A Oeste, que foi subsequentemente nomeada

> ## Populações estelares
>
> A ideia de duas populações estelares distintas foi circulada pela primeira vez por Walter Baade, com base em seus estudos da galáxia de Andrômeda, nas proximidades, e subsequentemente aplicada a estrelas em outros lugares, incluindo aquelas na nossa própria galáxia. Estrelas da População I são encontradas nos discos e braços de galáxias espirais. Elas são relativamente jovens, têm uma gama de cores e uma "metalicidade" razoavelmente alta (proporção de elementos mais pesados do que o hidrogênio e o hélio) que permite que elas brilhem através do ciclo CNO (ver página 77). As estrelas da População II, em contraste, são encontradas principalmente nos bojos centrais de galáxias espirais e em aglomerados globulares e galáxias elípticas (ver páginas 84 e 147). Individualmente, elas são mais pálidas, geralmente têm menos massa do que o Sol e são predominantemente vermelhas e amarelas. Uma falta de metais limita sua fusão de hidrogênio para a cadeia próton-próton (ver página 76) e garante que elas tenham vidas longas, não espetaculares. As estrelas da População II são geralmente consideradas como as mais velhas no Universo hoje, algumas ainda sobreviventes dos primeiros bilhões de anos depois do Big Bang.

1998
Ghez *et al.* confirmam a presença de um buraco negro a partir do movimento rápido de estrelas em torno de Sagitário A*

2008-9
Astrônomos restringem a massa do buraco negro a cerca de 4,2 milhões de massas solares

2009
Stefan Gillessen *et al.* descobrem grandes quantidades de material não visto próximas ao buraco negro central

2015
Telescópios de raios x detectam a destruição de um asteroide entrando no buraco negro

Sagitário A*. Astrônomos imediatamente especularam que esse objeto poderia marcar uma concentração enorme de massa no centro exato da galáxia como um todo, e isso foi confirmado em 1982, pelas medidas exatas de seu movimento – ou mais precisamente, sua distinta *falta* de movimento.

Os anos 1970 e 1980 assistiram à chegada de novos métodos para se olhar além das nuvens de estrelas interpostas. Satélites infravermelhos se mostraram especialmente úteis em identificar aglomerados de estrelas abertos massivos em torno da região central. Um desses, conhecido como Quintupleto, mostrou abrigar um monstro estelar verdadeiramente enorme conhecido como a Estrela da Pistola. Com o brilho calculado em 1,6 milhões de vezes mais forte que o Sol, é apenas o maior entre muitos gigantes estelares, tanto no Quintupleto como no aglomerado mais massivo nas imediações, o aglomerado dos Arcos (descoberto apenas nos anos 1990).

> **A chave para provar que há um buraco negro é mostrar que há uma tremenda quantidade de massa em um volume muito pequeno.**
>
> Andrea M. Ghez

Embora esses dois aglomerados estejam localizados a 10 anos-luz de Sagitário A*, a presença dessas estrelas monstros de vida curta demoliu as suposições de que o miolo galáctico seria a sede apenas de estrelas anãs reduzidas e longevas da População II. Em vez disso, ficou claro que as regiões centrais têm sido locais ativos de formação estelar durante os últimos milhões de anos.

Orbitando um monstro Embora não seja páreo para os Arcos e Quintupleto, outro aglomerado significativo de estrelas de grandes massas rodeia o próprio Sagitário A*. Descobertas nos anos 1990 e conhecidas despretensiosamente como "aglomerado Estrelas-S", essas estrelas desempenharam um papel chave em provar a existência do buraco negro galáctico e restringir suas propriedades.

Desvios Doppler revelam que as estrelas do aglomerado estão se movendo a velocidades de centenas de quilômetros por segundo ou mais. Seguindo órbitas elípticas em torno de um corpo central invisível, é possível rastrear sua posição cambiante durante uma questão de anos, restringindo o tamanho do objeto massivo que ancora o aglomerado e a Via Láctea inteira. Uma estrela em particular, uma gigante com 15 massas solares designada S2, tem sido rastreada continuamente desde 1995. Ela segue uma órbita de aproximadamente 15,6 anos em torno de Sagitário A*, com uma aproximação de cerca de 4 vezes a distância entre o Sol e Netuno. Análises da órbita de S2 e a de S102 – uma estrela ainda mais próxima descoberta em 2012 – confirmam a existência de um objeto invisível com aproximadamente 4 milhões de vezes a massa do Sol em uma região substantivamente menor do que a órbita da Terra. Esse objeto só pode ser um buraco negro.

> ## Sono leve?
>
> Nas últimas décadas, estudos descobriram que o buraco negro central da nossa galáxia foi ativo em um passado relativamente recente. Telescópios de raios x em órbita ocasionalmente observam explosões poderosas do centro galáctico, mais provavelmente provocadas quando pequenos objetos, como asteroides, se desgarram muito perto e são despedaçados e aquecidos pela imensa gravidade dos buracos negros. Eles também acharam "ecos de luz" – nuvens de emissão reluzentes criadas quando raios x de um evento mais violento há algumas décadas iluminam nuvens de gás a cerca de 50 anos-luz do buraco negro.

Como qualquer coisa que perambule perto demais será puxada rapidamente para a sua destruição, a maior parte dos astrônomos supôs que o buraco negro central teria limpado seus arredores imediatos e descambado para a inatividade. As únicas coisas remanescentes seriam algumas estrelas temerárias como S2 e S102 orbitando por perto, e um lento, mas constante, curso de gás para dentro do buraco negro, gerando os sinais de rádio de Sagitário A*. Foi uma surpresa, então, quando um estudo publicado em 2009 sugeriu que a região onde a S2 orbita é cheia de material equivalente a um milhão de sóis, que se acredita estarem distribuídos entre estrelas pálidas – de outro modo indetectáveis – e de remanescentes estelares. Num ambiente tão abarrotado, o buraco negro central pode não estar tão adormecido como se pensava anteriormente.

A ideia condensada: há um buraco negro supermassivo no centro da Via Láctea

36 Tipos de galáxias

A descoberta de Edwin Hubble, em 1924, de que muitas das nebulosas no céu são galáxias independentes muito além da nossa, abriu um campo de astronomia inteiramente novo. Comparações podiam agora ser feitas entre a Via Láctea e esses outros sistemas, além de ficar imediatamente claro que alguns tipos de galáxias são muito diferentes.

O atual sistema de classificação de galáxias foi modificado e corrigido muitas vezes, mas astrônomos ainda reconhecem os cinco principais tipos de galáxias identificados por Hubble em seu livro de 1936, *The Realm of the Nebulae* [*O reino das nebulosas*]. São elas: espirais, espirais barradas, elípticas, lenticulares e irregulares.

As espirais têm um núcleo inchado de estrelas mais velhas da População II (ver página 143) das quais saem braços espirais destacados por regiões de formação de estrelas e aglomerados brilhantes de estrelas luminosas de vida curta da População I. Em 1939, Horace Babcock usou medidas espectroscópicas da galáxia de Andrômeda para confirmar que as estrelas dentro de espirais rodam em velocidades diferentes, dependendo da distância delas do centro, uma ideia proposta pela primeira vez por Bertil Lindblad, em 1925 (ver página 139). Os períodos de rotação típicos a meio caminho do centro até a borda, em geral, são de cerca de 200 milhões de anos. Além de espirais normais, Hubble identificou um grande grupo de galáxias nas quais uma barra reta atravessa o núcleo, com os braços espirais aparecendo das extremidades. Na verdade, as espirais barradas são responsáveis por cerca de dois terços das espirais no Universo próximo, inclusive a nossa própria Via Láctea.

Juntas, espirais e espirais barradas respondem por cerca de 60% das galáxias brilhantes na época atual, embora esse número tenha, sem dúvida, mudado

linha do tempo

1924	1936	1937	1939
Hubble confirma que nebulosas espirais são galáxias muito além da Via Láctea	Hubble delineia uma classificação ampla de tipos de galáxias	Shapley descobre a primeira das abundantes galáxias anãs esferoidais	Babcock confirma a rotação diferencial de estrelas através de galáxias espirais

ao longo do tempo. Elas vão, em tamanho, de algumas dezenas de milhares a cerca de meio milhão de anos-luz de diâmetro, embora sistemas maiores do que os 100 mil anos-luz de diâmetro da Via Láctea são muito raros. Hubble subdividiu os dois tipos de espiral de acordo com o grau de enroscamento aparente de seus braços. Existem muitas outras diferenças importantes, entre as quais talvez a mais significativa separe espiral de "grande estilo", com braços espirais nitidamente definidos, das espirais "floculentas", nas quais a formação de estrelas é um negócio mais difuso e indistinto. Considera-se que a diferença entre as duas é determinada pela influência relativa de fatores em larga escala na formação da estrela, como a onda de densidade de uma espiral (ver página 140) e fatores locais, como as ondas de choque de supernova.

> **"A história da astronomia é uma história de horizontes recuados."**
> **Edwin Hubble**

Elípticas e lenticulares A terceira maior classe de galáxias de Hubble são as elípticas. Essas são nuvens – em formato de bola – de estrelas vermelhas e amarelas em órbitas que não são apenas alongadas, mas inclinadas em uma vasta gama de ângulos. Diferentes das espirais, as elípticas têm uma grande falta de nuvens do gás interestelar necessário para a formação de novas estrelas. Quaisquer estrelas de vida curta, azuis maciças e brancas, já há muito tempo envelheceram e morreram, deixando para trás apenas as estrelas mais tranquilas da População II, de baixa massa. A falta de gás é também responsável pela estrutura caótica delas – colisões entre nuvens de gás têm uma tendência natural de criar discos em qualquer escala, de sistemas solares a galáxias, e a influência gravitacional desses discos por sua vez achata as órbitas das estrelas. Rasantes entre estrelas – outro mecanismo para a convergência das órbitas – são raros, e então as elípticas adotam uma série de formas, entre esferas perfeitas e formatos de charutos alongados. Elas variam muito mais em tamanho do que as espirais, com diâmetros que vão de alguns milhares a algumas centenas de milhares de anos-luz de diâmetro. Respondem por cerca de 15% de todas as galáxias, atualmente, mas os exemplos maiores só são encontrados em aglomerados densos de galáxias – um traço que oferece um importante indício quanto às suas origens (ver páginas 152 e 159). Hubble arrumou espirais, espirais barradas e elípticas em seu famoso diagrama "diapasão" (ver boxe na página 148), com um tipo

1944
Baade identifica duas populações estelares na Via Láctea e em outras galáxias

1959
Gérard de Vaucouleurs introduz uma extensão amplamente usada para o sistema de Hubble

1964
Lin e Shu propõem sua teoria da onda de densidade para explicar braços espirais

Descoberta de outras galáxias

A natureza de nebulosas espirais – estabelecida ao longo de estudos espectroscópicos como nuvens distantes de estrelas – foi objeto de aquecido debate astronômico no início do século xx. Seriam sistemas relativamente pequenos em órbita em torno de uma Via Láctea que efetivamente abrangia o Universo inteiro, ou galáxias grandes e distantes por si mesmas, implicando uma escala muito maior do Universo?

O chamado "Grande Debate" foi finalmente resolvido em 1925 com o trabalho assíduo de Edwin Hubble, elaborando as pesquisas de Henrietta Swan Leavitt (ver página 115) e Ejnar Hertzsprung. Hubble combinou a descoberta de uma relação entre período e luminosidade nas estrelas variáveis Cefeidas, de Leavitt, com a determinação independente da distância a diversas Cefeidas próximas, de Hertzsprung. Isso permitiu que ele usasse o período das Cefeidas para estimar sua luminosidade intrínseca, e daí (por comparação com o brilho aparente delas nos céus da Terra) sua provável distância da Terra. Durante muitos anos Hubble usou o telescópio de 2,5 metros do Observatório Mount Wilson, na Califórnia, para localizar as Cefeidas em algumas das nebulosas espirais mais brilhantes e monitorar seus brilhos. Em 1924, ele conseguiu confirmar que as nebulosas espirais eram sistemas independentes milhões de anos-luz além da Via Láctea – o primeiro passo numa descoberta ainda maior (ver página 162).

intermediário de galáxia chamada lenticular na junção entre as duas hastes do diapasão. As lenticulares parecem "espirais sem braços". Elas têm um bojo central de estrelas rodeado por um disco de gás e poeira, mas pouco sinal de formação de estrelas em andamento para criar braços espirais. Como Hubble adivinhou acertadamente, acredita-se que elas marcam um estágio fundamental na evolução das galáxias de uma forma para outra.

Galáxias irregulares e anãs esferoidais Menores do que as espirais, as galáxias irregulares de Hubble são nuvens amorfas de estrelas, gás e poeira, muitas vezes ricas em estrelas jovens brilhantes e de cor nitidamente azul. Acredita-se que elas são responsáveis por um quarto de todas as galáxias, embora sejam, em geral, menores e mais fracas que as espirais ou que as elípticas, fazendo com que sejam difíceis de ser observadas. Por sorte, duas das nossas vizinhas galácticas mais próximas – a Grande e a Pequena Nuvem de Magalhães – são irregulares, de modo que o tipo é bem estudado.

Hubble dividiu as irregulares em duas classes: galáxias Irr I, que mostram alguma estrutura interna, e galáxias Irr II que são inteiramente amorfas. A estrutura dentro as galáxias maiores, Irr I, pode incluir traços de barras centrais, ou braços espirais mal definidos. Imagens feitas pelo Telescópio Espacial Hubble do Universo precoce, distante, mostram que galáxias irregulares eram muito mais abundantes no passado, e sustentam a ideia de que as espirais eram originadas de fusões.

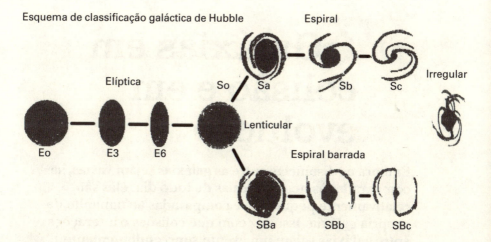
Esquema de classificação galáctica de Hubble

Um grupo final significativo de galáxias, ainda menor e mais fraco do que as irregulares, são as anãs esferoidais. Essas pequenas nuvens esféricas ou elípticas de estrelas foram descobertas por Harlow Shapley, em 1937, e não têm núcleo evidente, além de muito pouco brilho superficial. Apesar de uma similaridade externa com galáxias elípticas, as anãs esferoidais parecem conter uma mistura de estrelas mais complexa, além de grandes quantidades de "matéria escura" invisível, cuja gravidade mantém seus esparsos elementos visíveis unidos. Elas constituem mais de dois terços de todas as galáxias na vizinhança da nossa própria, mas são impossíveis de ser detectadas a grandes distâncias.

A ideia condensada: galáxias existem sob muitas formas diferentes

37 Galáxias em colisão e em evolução

Embora as distâncias entre as galáxias sejam vastas, se comparadas às nossas escalas de todo dia, elas são relativamente pequenas se comparadas ao tamanho da própria galáxia. Isso faz com que colisões e interações entre galáxias sejam um evento supreendentemente comum, e que tem um papel chave na evolução das galáxias.

Uma vez que a natureza das galáxias ficou clara nos anos 1920, astrônomos logo descobriram que muitas galáxias que estão perto uma da outra no céu estão realmente próximas uma da outra no espaço. O astrônomo sueco Erik Holmberg levou adiante trabalho pioneiro nessa área ainda em 1937, e em 1941 foi a primeira pessoa a pensar no que poderia acontecer se duas galáxias colidissem. Para tal, ele usou um primitivo computador analógico, construído a partir de dúzias de lâmpadas cujas intensidades variadas poderiam mostrar concentrações de estrelas. O trabalho de Holmberg revelou diversos efeitos importantes: mostrou como as galáxias, ao se aproximarem, provocariam forças de marés entre elas, detonando ondas de formação de estrelas enquanto retardavam seu movimento geral através do espaço para que pudessem, por fim, se aglutinar e se fundir.

Apesar disso, colisões entre galáxias foram desconsideradas como sendo acidentes raros até 1966, quando Halton Arp publicou seu *Atlas of Peculiar Galaxies* [*Atlas de galáxias peculiares*] – um catálogo sublinhando uma grande variedade de galáxias que não se encaixavam no ordenado esquema de classificação de Edwin Hubble (ver página 149).

Modelagem de fusões Mais ou menos pela mesma época, os irmãos estonianos Alar e Jüri Toomre aplicaram a tecnologia de supercomputado-

linha do tempo

1941	1951	1966	c.1970
Holmberg modela os eventos associados com hipotéticas colisões de galáxias	Lyman Spitzer Jr. e Walter Baade sugerem que as colisões poderiam ser um mecanismo para transformar galáxias de um tipo em outro	Halton Arp publica seu *Atlas de galáxias peculiares*	Os irmãos Toomre ligam modelos computacionais de colisões de galáxias galáxias peculiares

Aglomerados de superestrelas

Um dos resultados mais espetaculares da interação entre galáxias é a formação de aglomerados de estrelas numa escala que torna anões os sistemas abertos normais ou globulares (ver página 84). Os chamados superaglomerados de estrelas são os elementos componentes de uma surto de formação estelar mais amplo, criado quando poderosas forças de marés detonam o colapso gravitacional de imensas nuvens de gás interestelar. O aglomerado mais proeminente desse tipo nos céus da Terra é o R136, um aglomerado aberto particularmente denso na Grande Nuvem de Magalhães, que abriga as estrelas mais pesadas até então descobertas (ver página 119). Entretanto, pelo menos dois superaglomerados de estrelas são agora reconhecidos na própria Via Láctea.

Os superaglomerados de estrelas são significativos porque oferecem uma origem provável para os aglomerados globulares, de outro modo, misteriosos. Apesar de sua poderosa gravidade, eles liberam rapidamente seu gás formador de estrelas, sufocando outras formações de estrelas depois de uma rajada inicial. Estrelas monstras de vida curta criadas nessa primeira onda envelhecem e morrem em apenas poucos milhões de anos, gerando enormes ondas de choque de supernova que logo dissipam a nebulosa ao redor. Uma vez que as estrelas interpostas também chegaram ao fim de suas vidas, tudo o que resta é um aglomerado globular compacto, comprimido com muitos milhares de estrelas de pouca massa de idade idêntica.

---

res ao problema das fusões. Eles produziram resultados semelhantes aos de Holmberg, mas com muito mais detalhes. Em alguns casos, chegaram a simular a colisão de galáxias específicas. As galáxias Antennae, por exemplo, são um par de espirais em colisão a cerca de 45 milhões de anos-luz de distância na constelação do Corvo: ao se aproximarem, forças de marés "desenrolaram" seus braços espirais, criando uma longa serpentina de estrelas que se estende através do espaço intergaláctico. Imagens do Telescópio Espacial Hubble têm revelado, desde os anos 1990, intensa formação estelar nos corpos principais dessas galáxias, enquanto imagens de raios x mostram que o sistema inteiro está agora rodeado por um halo de gás quente.

Apesar do espetáculo, parece que as colisões entre estrelas individuais são raras. As nuvens de gás e poeira mais difusas colidem de frente, criando abundantes estrelas novas em um evento conhecido como surto de formação de estrelas. Ondas de choque rompendo através do material em colisão

---

1977
Alar Toomre sugere que a fusão de galáxias espirais se aglutinam em elípticas

1978
Leonard Searle e Robert Zinn sugerem que galáxias espirais se formam a partir da fusão de irregulares menores

2002
Matthias Steinmetz e Julio Navarro usam modelos de computador avançados para respaldar a teoria da evolução hierárquica das galáxias

Galáxias em colisão e em evolução

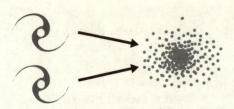

Esquerda: em uma grande fusão de galáxia, espirais em colisão perdem sua estrutura e se aglutinam para formar uma galáxia elíptica maior.

Direita: em uma fusão menor de galáxias, a absorção de uma pequena galáxia anã numa espiral acentua a estrutura da espiral e a taxa de formação de estrelas.

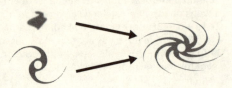

o aquecem substancialmente. Enquanto isso, explosões de supernova a partir de estrelas massivas, mas de vida curta, criadas na explosão das estrelas, aquecem o gás ainda mais, elevando sua temperatura a milhões de graus e enriquecendo-o com produtos de sua fusão nuclear. Por fim, o gás pode ficar tão quente e acelerado que escapa formando uma região de halo em torno da galáxia visível.

Apesar dos grandes progressos – tanto em tecnologia da computação, quanto no nosso entendimento de composição das galáxias a partir daquelas primeiras simulações (inclusive a descoberta da matéria escura – ver capítulo 45) –, o modelo Toomre de "grandes fusões" entre grandes galáxias espirais sobreviveu mais ou menos intacto. É claro, nem todas as fusões envolvem um par de espirais: encontros com anãs elípticas menores ou galáxias irregulares são muito mais comuns. Essas são muito mais eventos de um só lado, no qual a galáxia menor é dilacerada sob a influência do sistema maior, acabando por perder completamente sua identidade à medida que é canibalizada. Como efeito colateral, a atração gravitacional da galáxia menor parece intensificar a taxa de formação de estrela e o padrão de espiral visível (ver página 140). Há boas evidências de que a nossa própria galáxia está atualmente envolvida em um episódio desses, interagindo com uma galáxia menor conhecida como a Anã Elíptica de Sagitário.

Colisões como evolução Com base em seus estudos de como estrelas sobreviventes de uma grande fusão se comportariam, em 1977 Alar Toomre apresentou a ousada sugestão de que fusões entre espirais produzem galáxias elípticas. A galáxia da fusão inicial rompe as órbitas de estrelas em uma variedade de trajetos elípticos malucos, e a perda de grande parte do gás no sistema fundido remove uma influência chave, que achata suas órbitas. As nuvens de gás naturalmente achatam-se num disco ao colidirem, exercendo atração gravitacional em estrelas existentes e controlando o plano no qual há formação de novas gerações. Como as estrelas mais brilhantes e mais massivas criadas na fusão real rapidamente envelhecem e morrem, o resultado final é uma bola amorfa de estrelas vermelhas e amarelas mais tranquilas em órbitas sobrepostas: uma galáxia elíptica. Supondo que todas as galáxias começaram como espirais, Toomre calculou até a taxa provável de fusões ao longo do período de vida do Universo, mostrando que combinava com a proporção atual de galáxias elípticas.

As ideias de Toomre demoraram algum tempo para serem aceitas e foram acaloradamente debatidas ao longo dos anos 1980, mas observações mais detalhadas de fusões de galáxias aos poucos revelaram muitos sistemas que parecem capturar fases diferentes na transição de espiral para elíptica. Enquanto isso, progressos recentes se focaram em preencher as lacunas em torno da ideia básica da fusão. Ao imaginar galáxias a bilhões de anos-luz de distância, em uma época anterior de evolução cósmica (ver página 179), o Telescópio Espacial Hubble mostrou que a maioria das galáxias começou, de fato, como irregular, antes de se fundirem e crescerem em espirais mais complexas. Ficou também claro que elípticas fundidas podem aos poucos recapturar gás de seus arredores. Isso permite que se regenerem através de uma fase lenticular (ver página 148) e eventualmente formem novos braços espirais. Todo o ciclo de fusão provavelmente se repete diversas vezes, com o gás elevado a temperaturas cada vez mais altas e recapturado cada vez mais lentamente, no curso da evolução de uma galáxia de uma jovem espiral para uma imensa e antiga gigante elíptica (ver página 159) no coração de um aglomerado de galáxias.

> **"Sistemas duplos e múltiplos, além de aglomerados, podem ser explicados como resultado de capturas entre nebulosas, afetadas por forças de marés em interações próximas."**
>
> **Erik Holmberg**

A ideia condensada: galáxias colidem frequentemente e, como resultado, mudam sua forma

38 Quasares e galáxias ativas

As galáxias ativas se apresentam sob várias formas, mas são unidas pela presença de um núcleo central brilhante e variável, onde um buraco negro supermassivo alimenta-se de material de seus arredores. Entre essas galáxias, as mais conhecidas são, sem dúvida, os quasares, que têm um papel fundamental a desempenhar na história da evolução das galáxias.

Em 1908, os astrônomos Vesto Slipher e Edward A. Faith, do Observatório Lick, na Califórnia, publicaram detalhes de características estranhas no espectro de Messier 77, uma das galáxias mais brilhantes no céu. Ela se destacou porque seu espectro mostrou não a mistura comum de linhas de absorção criadas pela luz de inúmeras estrelas, mas linhas de emissão – comprimentos de onda específicos que eram tão brilhantes que se destacavam até contra o *continuum* dos espectros estelares. Slipher e Faith não sabiam na época, mas tinham descoberto a primeira galáxia ativa.

Seyfert e radiogaláxias Foi só em 1943, quando Seyfert anunciou sua descoberta de um número de galáxias espirais com pontos de luz especialmente brilhantes, feito estrelas, em seu núcleo central, que galáxias com propriedades semelhantes à M77 foram encontradas. A largura das linhas de emissão indicava que elas eram produzidas por nuvens de gás orbitando a região central em alta velocidade (fazendo com que suas emissões de luz sofressem desvio Doppler para uma série de comprimentos de onda – ver página 64). Hoje, esses sistemas são conhecidos como galáxias Seyfert, reconhecidas como a forma mais fraca de galáxia ativa.

Enquanto isso, em 1939, um jovem astrônomo chamado Grote Reber, identificou algumas das primeiras fontes de rádio astronômicas além da Via Láctea propriamente dita (ver página 143). No entanto, a identificação de

linha do tempo

1943	1953	1960	1963
Seyfert identifica um número de galáxias espirais com núcleos brilhantes compactos e linhas de emissão largas	Baade e Minkowski ligam a fonte de rádio Cygnus A a uma galáxia distante peculiar	Sandage identifica as primeiras fontes de rádio quase-estelares, ou quasares	Schmidt descobre a grande distância do quasar 3C 273

objetos visíveis correspondentes a essas fontes de rádio se mostrou difícil, já que a resolução dos mapas de rádio primitivos era bastante limitadas. Foi só em 1953 que Walter Baade e Rudolph Minkowski usaram levantamentos em rádio mais acurados para localizar as fontes de Reber. Embora a maior parte pudesse ser associada com objetos na nossa própria galáxia, como restos de supernova, uma, designada Cygnus A, pareceu estar ligada a um par distante de galáxias em colisão. Poucos meses mais tarde ficou claro que a fonte de rádio Cygnus A, na realidade, consistia de dois lóbulos estendidos, um de cada lado da galáxia central do sistema.

> **"Essa região nuclear seria cerca de 100 vezes oticamente mais brilhante do que as galáxias luminosas... identificadas até agora por fontes de rádio."**
>
> **Maarten Schmidt**

O mistério dos quasares   O final dos anos 1950 assistiu a uma radioastronomia florescente, com o desenvolvimento do primeiro grande radiotelescópio em formato de antena parabólica no Jodrell Bank, perto de Manchester, Inglaterra. Foram descobertas muitas fontes de rádio extragalácticas, e embora algumas se amoldassem ao padrão de lóbulo duplo de Cygnus A, muitas outras consistiam apenas de fontes singulares. Em 1960, o astrônomo norte-americano Allan Sandage liderou um esforço para inspecionar o céu em torno desses objetos e descobriu que eles eram, em geral, associados a pontos de luz débeis, feito estrelas. Sandage chamou-os de fontes de rádio quase-estelares, mas dentro de poucos anos isso foi abreviado para o pouco mais elegante "quasar". Seus espectros de luz visível pareciam mostrar linhas de emissão largas e brilhantes, muito mais potentes do que as das galáxias Seyfert, mas, para frustração geral, não se conseguia combiná-las com qualquer elemento conhecido.

Finalmente, em 1963, houve um progresso no entendimento, quando o colega holandês de Sandage, Maarten Schmidt se deu conta de que as linhas espectrais de um quasar chamado 3C 273, na verdade, combinavam com as linhas de emissão familiares produzidas por hidrogênio, se estas fossem desviadas para a extremidade vermelha do espectro num grau sem precedentes. Se, como parecia provável, esse desvio para o vermelho fosse causado por efeito Doppler, sugeriria que 3C 273 estava se afastando da Terra a um sexto da velocidade da luz.

1964
Edwin Salpeter e Yakov Zel'dovich sugerem que emissões de quasares podem vir do disco de acreção em torno do buraco negro gigante

1968
John L. Schmitt descobre outro tipo de galáxia ativa: o blazar ou objeto BL Lac

1969
Lynden-Bell argumenta que todas as galáxias ativas podem ser explicadas pela presença de um buraco negro supermassivo

Fusões e galáxias ativas

Desde a descoberta inicial de galáxias ativas, ficou claro que a atividade violenta no centro é frequentemente associada ao processo espetacular de colisão ou interações próximas de galáxias. Por exemplo, Centaurus A, uma das radiogaláxias mais próximas da Terra, aparece em luz visível como uma galáxia elíptica chamada NGC 5128, atravessada por uma faixa escura de poeira opaca que está, ela mesma, cravada com áreas de formação de estrelas e jovens aglomerados brilhantes. Imagina-se que o sistema é o resultado de uma fusão entre uma galáxia elíptica existente e uma grande espiral que foi efetivamente engolida. Esses eventos inevitavelmente resultam em grandes quantidades de gás interestelar, e até em estrelas inteiras sendo levadas ao alcance do buraco negro central, fazendo com que ele entre em ação. Atividades de intensidade comparativamente baixa, como as vistas nas galáxias Seyfert, enquanto isso, podem ser levadas por rompimento por efeitos de maré de galáxias menores, que se fundem com sistemas maiores, ou que simplesmente orbitam em torno delas. Por fim, uma vez que um processo de fusão de galáxia se completa, os buracos negros individuais, que anteriormente eram independentes, podem também se espiralar e se fundir, gerando ondas gravitacionais potentes (ver página 193) no processo.

Alguns astrônomos tentaram explicar esse objeto misterioso como uma estrela em fuga, impulsionada a velocidade extrema por algum mecanismo até então desconhecido, mas esses esforços falharam quando desvios vermelhos extremos foram encontrados em outros quasares, mas nenhum desvio azul do mesmo modo extremo veio à luz (como poderia ser de esperar se um mecanismo aleatório estivesse em ação). Em vez disso, a maior parte dos especialistas concluiu que os quasares deviam sua alta velocidade à expansão do Universo como um todo (ver capítulo 40) e, portanto, de acordo com a Lei de Hubble, eles tanto devem estar extremamente distantes, como serem extremamente brilhantes. E mais, a fonte de luz envolvida deve ser comparativamente minúscula: o brilho mostrou que devem ter no máximo horas-luz de diâmetro, e talvez não sejam maiores do que o nosso sistema solar. Finalmente, a teoria de que quasares eram regiões de intensa atividade embebidas nos núcleos de galáxias distantes foi confirmada por observação das "galáxias hospedeiras" muito mais fracas ao seu redor.

Uma teoria unificada As ligações entre esses três tipos de galáxia ativa – rádio-silenciosas Seyfert, radiogaláxias e quasares – se tornaram mais claras nos anos 1960 e 1970. À medida que a resolução de radiotelescópios melhorou, ficou mais claro que os lóbulos das radiogaláxias eram criados quando jatos extremamente estreitos de material emergente a alta velocidade do coração da galáxia central se encontram com o gás em torno no "meio intergaláctico" (ver página 159) e saem em ondas de imensas nuvens. Alguns quasares também mostraram ter lóbulos gêmeos de emissão de rádio, enquanto algumas galáxias Seyfert emitiram sinais fracos de rádio. Eles descobriram uma nova classe de galáxias ativas chamadas blazars, adicionadas à variedade de atividades observadas.

Ainda nos anos 1969, Donald Lynden-Bell argumentou que o comportamento de galáxias Seyfert e radiogaláxias próximas poderia ser uma versão atenuada da atividade de quasares, e que todas as galáxias ativas, no final, deviam seu comportamento a um buraco negro gigante central que atrai vastas quantidades de material de seus arredores. Embora a ideia de Lynden-Bell fosse controversa na época, evidências crescentes em seu favor levaram ao desenvolvimento de um modelo unificado para Núcleos Galácticos Ativos (AGN, em inglês) nos anos 1980. Nesse, a radiação é emitida por um disco de acreção intensamente quente, que rodeia o buraco negro central, enquanto jatos de partículas que escapam de cima e de baixo do disco criam os lóbulos de rádio. O tipo exato de galáxia que observamos depende da intensidade da atividade e da orientação dos AGN em relação à Terra.

Jatos saem como nuvens em lóbulos de rádio ao se encontrarem com gás intergaláctico

Jatos ejetados ao longo do eixo de rotação do buraco negro

Disco de acreção gera radiação intensa

Anel de poeira opaca bloqueia a visão do disco ao ser visto da beirada para dentro

Buraco negro central supermassivo

AGN aparece como quasar se o disco de acreção puder ser visto claramente

AGN aparece como radiogaláxia se as regiões centrais não estiverem visíveis

Atividade mais fraca no AGN cria uma galáxia Seyfert

A visão diretamente para baixo ao longo de um jato AGN faz surgir uma galáxia "blazar"

A estrutura complexa de um AGN faz surgir diferentes tipos variados de galáxias ativas, dependendo do ângulo a partir do qual é visto.

A ideia condensada: monstruosos buracos negros podem criar atividade violenta dentro de galáxias

39 O Universo em larga escala

As galáxias reúnem-se em escalas variáveis, em grupos relativamente compactos e aglomerados que se superpõem nas margens para produzir superaglomerados maiores e uma estrutura em escala cósmica de filamentos e vácuos. A distribuição de diferentes tipos de galáxias não apenas revela os segredos da evolução destas, mas também nos diz algo importante a respeito das condições no Universo primitivo.

Depois que os astrônomos descobriram galáxias espirais e elípticas em números crescentes durante os séculos XVIII e XIX, sua distribuição desigual no céu tornou-se óbvia. O aglomerado mais claro fica na constelação de Virgem, mas há também outros proeminentes em Coma Berenices (Cabeleira de Berenice), Perseu e as constelações de Formax e Norma, no sul. A descoberta de uma relação entre a distância de uma galáxia e o desvio vermelho de sua luz por Edwin Hubble, em 1929 (ver página 163), confirmou que essas regiões realmente continham centenas de galáxias brilhantes, comprimidas em um volume de espaço relativamente pequeno. Nosso próprio Grupo Local é muito menos impressionante do que esses aglomerados distantes. Identificada por Hubble em 1936, essa coleção de algumas dúzias de galáxias contém apenas 3 espirais: a que contém a Via Láctea e os sistemas Andrômeda e Triângulo, e duas grandes irregulares (as Nuvens de Magalhães).

Durante os anos 1930, foram identificados muito mais aglomerados de galáxias e os astrônomos começaram a aplicar abordagens mais sofisticadas à análise dos membros desses aglomerados, sendo eles definidos não pela simples proximidade, mas por galáxias que se mantêm unidas por uma atração gravitacional da qual não conseguem escapar. Aglomerados de galáxias são geralmente aceitos como as maiores estruturas "ligadas gravitacionalmente" no Universo. Como a gravidade diminui rapidamente com a distância,

linha do tempo

1929	1933	1936	1953
Hubble estabelece a ligação entre a distância de uma galáxia e o desvio vermelho de sua luz	Zwicky aplica o teorema do Virial aos aglomerados de galáxias Coma e descobre a matéria escura	Hubble identifica o Grupo Local de galáxias próximo à Via Láctea	De Vaucouleurs sugere existência de um superaglomerado incorporando o Grupo Local e o aglomerado de Virgem

> ## Galáxias elípticas gigantes
>
> A Messier 87, no centro do aglomerado de Virgem, é a maior galáxia na nossa região do Universo. Essa imensa bola de estrelas com 120 mil anos-luz de diâmetro contém aproximadamente 2,5 trilhões de massas solares de material. É a arquetípica galáxia elíptica gigante, também conhecida como galáxia "dominante central" ou "tipo cD". Elípticas gigantes são canibais galácticos, o resultado final de múltiplas fusões galácticas que viram elípticas e espirais menores serem engolidas. Como resultado, elas são muitas vezes rodeadas por pálidos halos de estrelas que se estendem a um diâmetro total de talvez 0,5 milhão de anos-luz. Essas são sobreviventes desgarradas de colisões passadas, atiradas para órbitas solitárias em torno da galáxia central. Além disso, frequentemente têm séquitos de aglomerados globulares em órbita na mesma região – Messier 87 tem cerca de 12 mil (comparados aos cerca de 150 da Via Láctea) e, se a ligação entre aglomerados globulares e de superaglomerados (ver página 151) estiver correta, isso é também provavelmente devido a colisões cósmicas. Maiores evidências para apoiar o crescimento de elípticas gigantes a partir de colisões de galáxias vêm de diversos exemplos que escondem mais do que um buraco negro supermassivo em seus núcleos. Messier 87 só tem um, mas, graças à sua fusão mais recente, é um núcleo galáctico ativo e uma das fontes de rádio mais brilhantes no céu.

aglomerados e grupos em geral ocupam um espaço de cerca de 10 milhões de anos-luz de diâmetro, não importando quantas galáxias eles contenham.

Características de aglomerados Em 1933, Fritz Zwicky usou uma técnica matemática chamada teorema do Virial para estimar a massa do aglomerado de Coma a partir das velocidades de suas galáxias. Isso o levou a prever que aglomerados continham muito mais matéria e massa do que suas galáxias visíveis sugeriam. Os primeiros satélites de raios x lançados nos anos 1970 revelaram que os centros de aglomerados densos eram muitas vezes fontes de radiação intensa, que, sabe-se agora, emanam do esparso gás "intra-aglomerado" com temperaturas superiores a 10 milhões de graus Celcius. Esse gás emissor de raios x acrescenta consideravelmente à massa de um aglomerado, mas ainda não responde pelo desaparecimento da grande maioria do material que Zwicky não conseguiu encontrar (ver página 182).

Outro aspecto importante é a distinta mistura de tipos de galáxias do aglomerado. "Galáxias de campo" – 20% de galáxias próximas que não são liga-

1958	1977	1982-85	2014
Abell publica a primeira versão de seu catálogo dos aglomerados de galáxias	Astrônomos do Centro de Astrofísica Harvard-Smithsonian começam o primeiro levantamento de desvio vermelho de galáxias em larga escala	Resultados dos levantamentos de desvios para o vermelho revelam a estrutura cósmica de filamentos e vazios	O superaglomerado de Virgem é substituído pela estrutura maior chamada Laniakea

das particularmente a qualquer aglomerado – são em geral irregulares ou espirais, enquanto as galáxias em grupos esparsos, como a nossa, aparecem sob todas as formas. Aglomerados densos, no entanto, são dominados pelas elípticas, e o próprio centro delas é muitas vezes marcado por uma verdadeiramente enorme elíptica gigante (ver boxe na página 159). Em 1950, Lyman Spitze Jr. e Walter Baade argumentaram que essa distribuição indica que as elípticas evoluem por meio de colisões, que são mais prováveis de acontecer nos ambientes comprimidos de aglomerados densos. Eles chegaram a prever que essas colisões iriam destituir as galáxias de gás interestelar, um resultado que antecipava teorias de evolução de galáxias nos anos 1970 (ver página 151) e que surgiu da descoberta do gás intra-aglomerado emissor de raios x.

> **Finalmente estabelecemos os contornos que definem o superaglomerado de galáxias que podemos chamar de nossa casa.**
> R. Brent Tully, sobre o superaglomerado Laniakea

Nos anos 1950, George Ogden Abell começou a compilar um catálogo exaustivo de aglomerados, que não seria completado até 1989. O catálogo de Abell levou a muitas novas descobertas importantes, mas talvez a mais notável seja a "função de luminosidade do aglomerado" – a relação entre o brilho intrínseco da galáxia mais luminosa do aglomerado e o número de galáxias acima de um nível de brilho particular. Como o brilho *relativo* das galáxias de um aglomerado é facilmente medido, a função luminosidade fornece um modo de predizer suas luminosidades verdadeiras, sendo, portanto, uma importante "vela padrão" para medir distâncias cósmicas em larga escala.

Estrutura além dos aglomerados Tanto Abell como o astrônomo franco-americano Gérard de Vaucouleurs argumentaram a favor da existência de ainda mais um nível de estrutura além dos aglomerados de galáxias. Em 1953, De Vaucouleurs sugeriu a existência de uma "Supergaláxia Local", centrada no aglomerado de Virgem e abrangendo muitos outros aglomerados, inclusive nosso próprio Grupo Local, mas foi só no início dos anos 1980 que levantamentos de desvios para o vermelho provaram sua existência além de qualquer dúvida. Muitos outros "superaglomerados" foram logo identificados, mas sua definição precisa permanece aberta aos debates, já que eles não estão gravitacionalmente ligados do mesmo modo que galáxias em aglomerados individuais. Em vez disso, superaglomerados são simplesmente definidos como concentrações de aglomerados em uma região do espaço, muitas vezes com um movimento geral compartilhado. Essa definição fluida é um dos motivos pelos quais, em 2014, o superaglomerado de Virgem foi deixado de lado em favor de uma estrutura nova e maior, chamada Laniakea, com uns 500 milhões de anos-luz de diâmetro e contendo pelo menos 100 mil grandes galáxias.

A partir dos anos 1970, progressos tecnológicos permitiram a coleção de espectros e desvios para o vermelho para números imensos de galáxias, provendo a criação de mapas acurados do Universo em grande escala. Esses mapas mostram que superaglomerados se fundem em suas bordas para formar filamentos em cadeias, com centenas de milhões de anos-luz de comprimento, em torno de vastas, e aparentemente vazias, regiões conhecidas como vazios. Essa descoberta inesperada foi contra as hipóteses de que o cosmos seria essencialmente igual em todas as direções. Embora a uniformidade pareça estar estabelecida por escalas ainda maiores de bilhões de anos-luz, a maior estrutura que vemos provavelmente não foi criada por interações gravitacionais ao longo do período de vida do cosmos. Isso estabelece restrições importantes sobre como o Universo, propriamente dito, foi formado (ver capítulo 41).

Uma parte do levantamento de desvios para o vermelho de galáxias 2dF (campo de dois graus) feito pelo Observatório Anglo-Australiano revela a distribuição de dezenas de milhares de galáxias em um uma rede cósmica de filamentos e vazios.

A ideia condensada: encontra-se estrutura em todas as escalas do cosmos

40 O cosmos em expansão

A surpreendente descoberta de que o Universo como um todo está em expansão revolucionou a astronomia em meados do século XX, embora astrônomos discutissem a respeito de seu significado há várias décadas. Enquanto isso, a verdadeira velocidade da expansão, com implicações importantes para a origem e o destino do Universo, não foi estabelecida até uma data surpreendentemente recente.

O crédito para a descoberta do Universo em expansão é em geral dado a Edwin Hubble, que fez as primeiras medidas das distâncias das galáxias e os cálculos fundamentais em torno de 1929, mas a história real é mais complexa. Em 1912, Vesto Slipher, no Observatório Lowell, em Flagstaff, Arizona, examinou os espectros de nebulosas espirais e descobriu que elas, na maior parte, tinham grandes desvios vermelhos. Supondo que fosse efeito Doppler devido ao afastamento da nebulosa em relação a nós, Slipher calculou que elas estavam retrocedendo em velocidades de centenas de quilômetros por segundo. Isso era uma evidência importante de que as nebulosas não eram simplesmente pequenas nuvens em órbita em torno da Via Láctea, mas a prova cabal veio das medidas das variáveis Cefeidas feitas por Hubble (ver página 148).

Teoria e prática Em 1915, Albert Einstein publicou sua teoria da Relatividade Geral (ver página 192). Essa teoria passou tranquilamente pelos primeiros testes, mas criou um grande problema para teorias do Universo: de acordo com a interpretação mais simples, a presença de uma grande quantidade de massa dentro do Universo iria inevitavelmente levar ao seu próprio colapso. De acordo com o consenso científico da época, o Universo era infinitamente velho e estático, de modo que Einstein resolveu o problema acrescentando uma "constante cosmológica" às suas equações. Essa fraca for-

linha do tempo

1912	1922	1927	1929
Slipher descobre o grande desvio vermelho de muitas nebulosas espirais	Friedmann encontra uma solução para a Relatividade Geral na qual o Universo está expandindo	Lemaître prediz que galáxias mais distantes deveriam mostrar desvios vermelhos maiores	Hubble identifica uma relação entre desvio para o vermelho e distância das galáxias

ça antigravidade só funcionava nas maiores escalas para contrabalançar a contração do espaço. Mais tarde ele diria que esse foi o seu maior engano, embora as descobertas mais recentes da energia escura tenham, de algum modo, justificado a ideia (ver página 188).

Em 1922, o físico russo Alexander Friedmann surgiu com uma solução alternativa às equações de Einstein, mostrando que elas eram igualmente válidas se o espaço-tempo estivesse se expandindo, mas seu trabalho foi vastamente desconsiderado pois não havia qualquer evidência para sustentá-lo. Alguns anos mais tarde, em 1927, o astrônomo e padre belga Georges Lemaître chegou a conclusões semelhantes, mas decisivamente previu uma consequência observacional: todas as galáxias deviam estar se afastando umas das outras nas escalas maiores, e quanto mais longe estiver uma galáxia, maior sua velocidade de recessão da Via Láctea.

Nem o trabalho de Friedmann nem o de Lemaître parecem ter influenciado diretamente Hubble quando ele partiu para, no final dos anos 1920, comparar suas medidas das distâncias das galáxias com os desvios vermelhos registrados tanto por Slipher quanto pelo colega de Hubble, Milton Humason. Contudo, ele rapidamente descobriu a relação exata predita por Lemaître e, em 1929, publicou suas provas, incluindo um gráfico mostrando a ligação entre a velocidade e a distância da galáxia. Essa relação é atualmente conhecida como Lei de Hubble, enquanto o gradiente do gráfico – a taxa na qual a velocidade de recessão da galáxia aumenta com a distância – é chamado de Constante de Hubble (denotada como H_0).

> **"Teorias desabam, mas boas observações nunca enfraquecem."**
> **Harlow Shapley**

O significado da expansão A descoberta de Hubble tem implicações imensas para a história do Universo, mesmo tendo o próprio Hubble sido lento na sua aceitação (ver boxe na página 164). Se tudo no Universo estiver se afastando da Via Láctea, então as duas possibilidades são de que nossa região do espaço é tão extraordinariamente impopular que as galáxias estão realmente fugindo dela, ou que o Universo como um todo está se expandindo, e todas as galáxias dentro dele estão sendo levadas para longe umas das outras, como Lemaître predisse. Nenhum astrônomo adotou seria-

---

1931
Lemaître argumenta que a expansão cósmica indica que o Universo começou em um átomo primevo de alta temperatura

1958
Sandage entrega a primeira estimativa moderna da Constante de Hubble

2000
Publicação de resultados do Projeto Chave de Hubble

mente a primeira opção, já que ela implica termos uma posição privilegiada no Universo (contrária a muitas duras lições aprendidas desde a época de Copérnico). Mas a sugestão de um Universo em expansão trazia com ela uma origem no passado mensurável, quase igualmente desconfortável para os astrônomos, que em geral acreditavam num cosmos eterno. Foi Lemaître que as adotou plenamente em 1931, argumentando que a expansão cósmica infere que o Universo era mais quente e mais denso no passado, acabando por se originar em um "átomo primevo". Isso foi o precursor da moderna teoria do Big Bang (ver página 166).

O erro de Hubble

A descoberta de Hubble da ligação entre desvio para o vermelho e a distância da galáxia foi imensamente importante, mas o próprio Hubble acabou rejeitando a ideia de um Universo em expansão. Na época de suas medidas, astrônomos não distinguiram plenamente entre "Cefeidas clássicas" (estrelas da População I contendo quantidades substanciais de elementos pesados) e um grupo ligeiramente mais fraco de estrelas da População II (com suas próprias relações distintas entre período e luminosidade). Isso levou Hubble e subestimar significativamente as distâncias intergalácticas (por exemplo, ele colocou a galáxia de Andrômeda a 900 mil anos-luz de distância, quando medidas modernas sugerem uma distância de 2,5 milhões de anos-luz).

Como consequência, Hubble também superestimou a taxa de aumento do desvio para o vermelho com a distância, e portanto calculou que se os desvios para o vermelho eram provocados pelo efeito Doppler, assim, a recessão devia estar aumentando com a distância numa velocidade de 500 quilômetros por segundo. Traçando essa expansão para trás no tempo, veria-se que todas as galáxias coincidem no mesmo ponto no espaço (o átomo primevo de Lemaître) há apenas 2 bilhões de anos. Como isso era menos do que a metade da idade da Terra, como sabido na época, Hubble desconsiderou a explicação do Doppler em favor de outras ideias hipotéticas, como o conceito de luz "cansada", que passava a ser cada vez mais desviada para o vermelho a maiores distâncias, devido a outros efeitos.

Em 1964, com a descoberta da radiação cósmica de fundo em micro-ondas (ver página 180), a maior parte dos cosmólogos considerou o caso do Big Bang como provado. As medidas acuradas da Constante de Hubble tomaram uma nova importância, já que a taxa da expansão atual pode ser virada de cabeça para baixo para se estimar a idade do Universo. À medida que a tecnologia de observação melhorou, também melhorou a capacidade de detectar estrelas variáveis Cefeidas em galáxias mais distantes (e desse modo distinguir entre as Cefeidas e as enganosamente semelhantes estrelas RR Lyrae). Em 1958, Allan Sandage publicou uma estimativa vastamente melhorada de H_0, sugerindo que a taxa de retrocesso para galáxias distantes aumentou em 75 quilômetros por segundo para cada megaparsec de distância

(Mpc, uma unidade equivalente a 3,26 milhões de anos-luz). Isso era cerca de um sexto do valor de Hubble (ver boxe na página 164), e inferia que o Universo tinha uma idade, muito mais plausível, de 13 bilhões de anos.

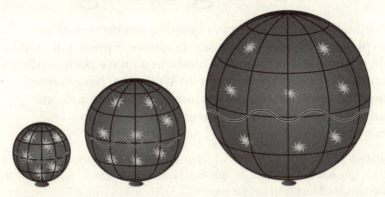

Uma analogia comum, ao se considerar a expansão do Universo, é imaginar o espaço como um balão inflável. À medida que o balão estica, pontos em sua superfície (galáxias) se afastam uns dos outros. Quanto maior a separação inicial entre eles, mais depressa eles se afastam. O esticamento de ondas de luz pelo espaço em expansão também pode ser descrito de modo semelhante.

Durante as décadas seguintes, medidas do H_0 flutuaram significativamente em torno do valor de Sandage, entre cerca de 50 e 100 quilômetros por segundo, inferindo um Universo entre 10 e 20 bilhões de anos de idade. O Projeto Chave do Telescópio Espacial Hubble estava decidindo a questão que dirigiu o projeto do telescópio desde seu princípio, nos anos 1970, até finalmente seu lançamento, em 1990. Entre observações mais destacadas, o HST passou grande parte de sua primeira década reunindo dados e medindo curvas de luz em Cefeidas, em galáxias distantes a cerca de 100 milhões de anos-luz, levando à publicação final, em 2000, de um valor de 72 quilômetros por segundo. Mais medidas flutuaram em torno do mesmo valor, resultando em uma idade amplamente aceita para o Universo de 13,8 bilhões de anos.

A ideia condensada: o Universo está ficando maior a cada momento que passa

41 O Big Bang

A ideia de que o Universo começou em uma enorme explosão há uns 13,8 bilhões de anos é o principal legado da cosmologia moderna, e também a chave para explicar muitos aspectos observados do Universo. No entanto, quando apresentada pela primeira vez, a ideia de um universo finito era impensável para muitos no *establishment* científico.

Embora, ainda em 1922, o físico russo Alexander Friedmann tivesse mostrado que um Universo em expansão era consistente com a teoria da Relatividade Geral de Einstein (ver página 163), o crédito para o Big Bang é em geral dado ao padre belga Georges Lemaître, que publicou sua teoria do "átomo primevo" em 1931. À primeira vista, parece estranho que um padre católico tenha feito uma contribuição tão fundamental para a física moderna, mas Lemaître tinha estudado cosmologia em Cambridge, sob Arthur Eddington, e em Harvard, com Harlow Shapley. Além disso, ele defendia a expansão cósmica bem antes de ela ter sido confirmada por Edwin Hubble.

Teorias rivais Durante três décadas, a teoria de Lemaître foi vista como apenas uma de muitas explicações concorrentes para a expansão cósmica. Não conseguindo aceitar o conceito de um momento de criação, Friedmann defendeu um Universo cíclico que passava por fases alternadas de expansão e contração. Nos anos 1940, enquanto isso, Hermann Bondi, Thomas Gold e Fred Hoyle publicaram argumentos em favor de um Universo em "estado estacionário" – um cosmos perpetuamente em expansão, no qual a matéria seria continuamente criada para manter uma densidade constante. Em 1948, os físicos Ralph Alpher e Robert Herman previram que a bola de fogo primeva de Lemaître teria deixado um brilho posterior detectável, equivalente à radiação de um corpo negro alguns graus acima do zero absoluto. Essa radiação cósmica de fundo em micro-ondas não poderia, plausivelmente, ter sido criada por qualquer uma das teorias rivais, e sua descoberta um tanto acidental por Arno Penzias e Robert Wilson, em 1964,

linha do tempo

1931
Lemaître argumenta, a partir da expansão cósmica, que o Universo teve origem num átomo primevo quente e denso

1948
Alpher e Gamow mostram como condições no Universo inicial podiam dar origem a elementos

1948
Alpher e Hermann predizem a existência de radiação vinda da borda do espaço como consequência da teoria do átomo primevo

1949
Hoyle cunha a expressão "Big Bang" como um insulto à teoria

foi uma prova crucial para o momento "Big Bang" da criação (ver página 180).

O desafio para qualquer teoria de criação é produzir um Universo com condições parecidas com as que vemos hoje, e nesse ponto o Big Bang mostrou seu mérito bem antes da descoberta de Penzias e Wilson. A evidência fundamental está no fato de que massa e energia são equivalentes e podem ser intercambiadas em situações extremas, um fato encapsulado na famosa equação de Einstein $E=mc^2$ (ver página 191). Dessa forma, se a expansão cósmica fosse traçada para trás, para os tempos primitivos, as temperaturas em ascensão veriam a matéria se desintegrar em suas partículas componentes, que acabariam por desaparecer em um temporal de pura energia. Em 1948, Ralph Alpher e George Gamow publicaram um artigo de referência mostrando como o declínio dessa intensa bola de fogo produziria elementos em proporções idênticas às esperadas no Universo primitivo (ver página 171).

> **"Seus cálculos estão corretos, mas sua física é atroz."**
> **Albert Einstein** para Georges Lemaître

O problema da estrutura Embora trabalhos teóricos subsequentes, além de resultados de aceleradores de partículas antigas (ver boxe na página 171), tenham apoiado a ideia de elementos cósmicos em estado bruto sendo forjados no Big Bang, descobertas a respeito da estrutura do Universo, nos anos 1970, levantaram novas questões. Embora extremamente complexas, elas se resumiram ao enigma essencial de como o Big Bang poderia produzir um cosmos suave o suficiente para não mostrar grandes diferenças de um lugar para outro [como refletido pela temperatura aparentemente uniforme da radiação cósmica de fundo em micro-ondas (CMBR)], no entanto variado o suficiente para dar surgimento à estrutura em larga escala de superaglomerados, filamentos e vazios (ver página 161). A teoria básica do Big Bang previa uma bola de fogo primeva na qual a matéria era uniformemente distribuída. Até cerca de 380 mil anos depois do Big Bang, temperaturas incandescentes impediram que os núcleos atômicos se unissem com elétrons para formar átomos, e a alta densidade das partículas repetidamente defletiam e espalhavam os fótons de luz, impedindo que eles viajassem em linha reta (mais ou menos a mesma coisa que acontece em um nevoeiro espesso). Nesse ambiente, a pressão da radiação sobre as partículas ultrapassaria a gravidade e evitaria que elas se aglutinassem nas sementes de estru-

1964
Penzias e Wilson descobrem a radiação cósmica de fundo em micro-ondas

1981
Alan Guth propõe a inflação como um modo de produzir a estrutura observada no Universo

1992
O satélite COBE mapeia a CMBR, confirmando a presença de estrutura no Universo desde os tempos iniciais

tura necessárias para dar surgimento aos enormes filamentos de hoje. Eventualmente, a temperatura cósmica esfriou o suficiente para que elétrons e núcleos se unissem, a densidade das partículas diminuiu e o nevoeiro de repente se dissipou. A luz saída desse evento – conhecida como "desacoplamento" de radiação e matéria – agora forma a CMBR. A essa altura, a matéria seria dispersada de modo demasiadamente vasto para formar uma estrutura de superaglomerados, e talvez até espalhada tenuemente demais para criar galáxias.

Da energia à matéria

Grande parte do nosso conhecimento a respeito do Big Bang, e particularmente, do jeito como a energia pura rapidamente fez surgir matéria, é derivada de experiências usando aceleradores de partículas. Essas máquinas enormes usam imãs potentes para impulsionar partículas subatômicas carregadas até próximo à velocidade da luz, depois fazem com que elas se choquem e monitoram os resultados. Colisões como essas no Grande Colisor de Hádrons (Large Hadron Collider – LHC), na Suíça, transformam pequenas quantidades de matéria em energia pura, que depois se condensa de volta em uma chuva de partículas com massas e propriedades diferentes. Desse modo, sabemos que as partículas relativamente pesadas, chamadas quarks, só podiam ter sido formadas nas temperaturas incandescentes do primeiro milionésimo de segundo depois do próprio Big Bang, depois de elas rapidamente se unirem em tripletos para formar os prótons e nêutrons necessários para a nucleossíntese (ver página 170). Partículas lépton, mais leves, (principalmente elétrons), continuavam a se formar até que o Universo tivesse cerca de 10 segundos de idade.

Entretanto, é curioso que não haja nada inerente ao Big Bang que explique porque o Universo atual é dominado por partículas da familiar matéria "bariônica", em vez de antimatéria (partículas especulares com cargas elétricas opostas). Na verdade, a maior parte dos cosmólogos acredita que a explosão inicial criou quantidades iguais de matéria e antimatéria, sendo que a vasta maioria colidiu para se aniquilar reciprocamente em uma explosão de energia. Alguns processos desconhecidos de bariogênese garantiram que houvesse no final uma sobra ínfima de matéria normal, e é isso o que responde por toda a matéria bariônica no Universo atual.

Fica claro, então, que havia algo a mais em curso. Em 1981, Alan Guth, no Instituto de Tecnologia de Massachusetts, propôs uma solução possível: e se algum evento cataclísmico nos primeiros instantes do Big Bang tivesse apreendido um fragmento minúsculo, essencialmente uniforme, do Universo primevo e o tivesse inchado até um tamanho imenso? A bolha resultante de espaço e tempo, abrangendo a totalidade do nosso Universo observável e muito além, mostraria uma temperatura efetivamente uniforme, mas variações mínimas, surgidas de incertezas inerentes da física quântica, seriam expandidas a uma vasta escala, criando regiões mais frias, relativamente esparsas, ao longo de regiões mais quentes e mais densas. Ao longo do tempo, variações de menor monta agiriam como os núcleos em torno dos quais a matéria se acumularia.

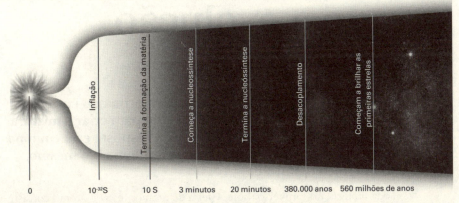

Uma linha do tempo simplificada mostra os principais estágios no desenvolvimento da matéria do próprio Big Bang até a formação das primeiras estrelas de galáxias.

A teoria de Guth, logo chamada de inflação, foi entusiasticamente adotada por muitos outros, inclusive Andrei Linde (ver página 200). A plausibilidade de seus modelos foi ajudada pelo reconhecimento crescente do papel desempenhado pela chamada matéria escura, que seria imune à pressão da radiação, forçando a separação de matéria normal (ver capítulo 45) e, portanto, capaz de começar a formação de estrutura primitiva bem antes do estágio de desacoplamento. Essa ideia foi confirmada de forma espetacular em 1992 pelos resultados do satélite COBE (ver página 181), e foi apoiada também por outros experimentos. Embora os cosmólogos ainda estejam lutando com algumas das implicações mais amplas da inflação, ela forma um elemento chave no Big Bang como o conhecemos hoje.

A ideia condensada: o Universo teve início numa explosão quente e densa de energia

42 Nucleossíntese e a evolução cósmica

Como o Big Bang fez surgir a matéria-prima do cosmos, e como ela mudou ao longo do tempo para criar a mistura de matéria vista no Universo hoje? A resposta está em uma variedade de processos diferentes unidos sob o mesmo nome: nucleossíntese.

Toda matéria no Universo, hoje, é feita de átomos, e cada átomo consiste de um núcleo atômico (um aglomerado de prótons e nêutrons relativamente pesados) rodeado por uma nuvem de elétrons, muito mais leves. Átomos de diferentes elementos são diferenciados uns dos outros pelo número de prótons no núcleo, enquanto os nêutrons influenciam sua estabilidade. Assim, a fabricação dos elementos é principalmente uma questão de criar diferentes núcleos no processo conhecido como nucleossíntese.

O estabelecimento de diferentes cadeias de nucleossíntese era o tema corrente da astrofísica do século xx. Por exemplo, nas estrelas de pouca massa na sequência principal, tanto a cadeia próton-próton e o ciclo CNO (ver páginas 76 e 77) ofereciam modos de transformar os núcleos de hidrogênio (o núcleo atômico mais simples, consistindo de um único próton) em hélio. O processo triplo-alfa (ver página 110) nas gigantes vermelhas, enquanto isso, permite que os núcleos de hélio se desenvolvam em carbono e oxigênio, e a fusão nuclear em estrelas supergigantes vai muito além, para criar elementos cada vez mais complexos até ferro e níquel (ver página 120). Por fim, explosões de supernovas proveem o degrau final da escada na direção dos elementos naturais mais pesados (ver página 124).

Construção dos primeiros átomos Mas como é que o hidrogênio propriamente dito, o primeiro degrau nessa escada, surgiu? Os princípios

linha do tempo

1904	1930	1948	1952
Hartmann identifica a existência de gás interestelar frio por seu efeito em espectros estelares	Robert Trumpler demonstra os efeitos da absorção da poeira interestelar da Via Láctea	O artigo Alpher Bethe Gamow delineia o modo pelo qual elementos podem ter sido formados no Big Bang	Fred Hoyle e Alfred Fowler descobrem o processo de fusão de hélio triplo-alfa para a elaboração de elemento como o carbono

básicos foram deduzidos no final dos anos 1940 por George Gamow e Ralph Alpher em uma teoria comumente conhecida como a nucleossíntese do Big Bang. Os dois ampliaram o trabalho anterior de Gamow para imaginar uma bola de fogo primeva em rápida expansão no Universo primitivo, composta inteiramente de nêutrons que começavam a decair espontaneamente em prótons e elétrons à medida que diminuía a pressão em torno. A formação de núcleos mais complexos do que o hidrogênio, portanto, se torna uma corrida contra o tempo – quantos nêutrons podem ser apanhados por prótons para formar núcleos mais pesados *antes* que os próprios nêutrons decaiam?

Quando Alpher e Gamow olharam o problema de acordo com as possibilidades para que diversas partículas capturassem nêutrons, encontraram que os elementos mais abundantes no Universo, de longe, eram o hidrogênio, respondendo por 75% da massa cósmica, e o hélio, pelos 25% restantes. Quantidades mínimas de lítio e berílio também teriam sido transformadas dessa maneira, e essas previsões acabaram por combinar com as novas medidas da abundância cósmica de elementos. O único erro significativo no artigo foi a suposição dos autores de que *todos* os elementos teriam sido criados pela captura de nêutrons. Na realidade, isso é impossível por causa dos intervalos de massa onde núcleos com determinadas configurações se desintegram com a mesma rapidez com que se formam. Esses intervalos não podem ser resolvidos pela adição de partículas, uma de cada vez, e significa que o berílio é o elemento mais pesado que pode ser criado por esse processo. Ao contrário, a manufatura de elementos mais pesados exige um salto no número de partículas do tipo que só o processo triplo-alfa pode fornecer.

Alpher, Bethe e Gamow

O curto artigo de 1948 que delineou pela primeira vez a nucleossíntese do Big Bang não teve dois, mas três autores – Ralph Alpher, Hans Bethe e George Gamow. Gamow caprichosamente incluiu um crédito ao seu colega Behte, *in absentia*, como uma brincadeira com as três primeiras letras do alfabeto grego (alfa, beta e gama). Alpher, como estudante de pós-graduação trabalhando na época em seu PhD, admitiu não ter se impressionado muito com a pequena piada de Gamow, temendo que sua contribuição pudesse ser ofuscada ao ser partilhada com não um, mas dois astrofísicos altamente respeitados. Mesmo assim, Bethe realmente colaborou com a revisão do artigo antes de sua publicação e contribuiu com o subsequente desenvolvimento da teoria.

1957
O artigo *B2FH* demonstra como elementos pesados são formados na maior parte das estrelas massivas e nas supernovas

1961
Guido Münch e Harold Zirin descobrem evidências de nuvens de gás no halo galáctico e uma coroa galáctica quente

1977
Christopher McKee e Jeremiah Ostriker apresentam um modelo de três fases para o meio intergaláctico

Coisas de estrelas Uma compreensão melhor de como os elementos são formados e como a quantidade deles muda com o tempo deu origem a uma visão muito mais periódica da vida cíclica estelar. Ao mesmo tempo, revelou uma imagem mais profunda da relação entre estrelas e o meio interestelar (ISM, em inglês), o material que as rodeia e do qual elas nascem.

A evidência de grandes nuvens de material entre as estrelas foi descoberta na primeira metade do século XX. E. E. Barnard recebe grande parte dos créditos por sua fotografia de nebulosas escuras – nuvens opacas de gás e poeira que só são visíveis quando suas silhuetas estão contra um fundo mais brilhante – mas o astrônomo alemão Johannes Hartmann foi o primeiro a provar a existência de nuvens de gás invisíveis, frias, ao reconhecer as leves impressões que suas linhas de absorção deixavam nos espectros de estrelas mais distantes (ver página 62).

"Somos, somos, partes de matéria estelar que esfriou por acidente, partes de uma estrela que deu errado."
Arthur Eddington

Desde os anos 1970, a maior parte dos astrônomos concordou com um modelo de três fases para o ISM, sendo que as diferentes fases são distinguidas uma das outras por sua temperatura e densidade. A fase fria consiste de nuvens relativamente densas de átomos de hidrogênio neutro a apenas algumas dezenas de graus acima do zero absoluto; a fase morna contém hidrogênio neutro e ionizado muito mais quentes, com temperaturas de milhares de graus; e a fase quente consiste de hidrogênio ionizado altamente disperso e elementos mais pesados com temperaturas de milhões de graus, ou mais.

No chamado modelo "fonte galáctica" de evolução cíclica, o material ISM fica na fase fria densa antes que alguma influência externa (talvez um contato próximo com uma estrela de passagem, através de uma onda de densidade em espiral ou a onda de choque de uma supernova nas imediações) o encoraje a desabar sob sua própria gravidade, começando o processo de formação de estrela (ver capítulo 21). Assim que as primeiras estrelas aparecem dentro do meio, a radiação delas aquece e ioniza o gás em torno, criando uma nebulosa brilhante e o nascimento de estrela. À medida que as estrelas recém-nascidas mais massivas correm para o fim de suas vidas, fortes ventos estelares e ondas de choque de supernovas criam enormes bolhas no ISM, sendo que parte do material é tão aquecido que escapa inteiramente de seu disco galáctico para formar o chamado "gás coronal". Ao longo de milhões de anos, esse ISM quente esfria gradualmente e afunda de volta na direção do disco, enriquecendo-o com mais elementos pesados.

Isso não passa de uma imagem ampla do processo em ação em uma galáxia típica, mas como os mesmos eventos são repetidos através do cosmos, eles aos poucos o vão enriquecendo com quantidades cada vez maiores de elementos mais pesados. Entretanto, parece pouco provável que estrelas ficarão sem combustível em qualquer futuro próximo – o gás no ISM da nossa galáxia hoje é ainda 70% de hidrogênio e 28% de hélio por massa, exibindo apenas 1,5% de elementos mais pesados depois de mais de 13 bilhões de anos de nucleossíntese estelar.

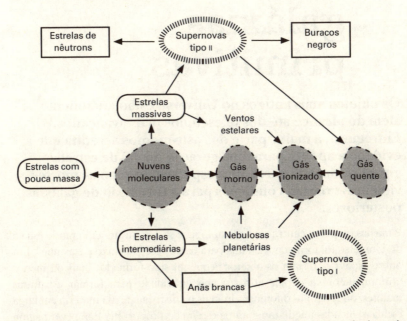

Este esquema mostra elementos-chave da "ecologia galáctica" por meio da qual a matéria é processada em estrelas e retorna ao meio interestelar.

A ideia condensada: nosso Universo é uma fábrica para a manufatura de elementos

43 Estrelas monstros e galáxias primitivas

Os objetos mais antigos no Universo estão atualmente além do alcance até dos telescópios mais avançados. Entretanto, a maior parte dos astrônomos acredita que a evidência aponta para uma geração inicial de estrelas gigantes, de vida curta, mas espetaculares, cujas mortes violentas criaram condições para a formação de galáxias posteriores.

Uma das questões centrais na cosmologia é se a estrutura em grande escala do Universo foi formada "de cima para baixo" ou "de baixo para cima". Em outras palavras, teriam os objetos pequenos sido formados mais ou menos uniformemente e depois atraídos pela gravidade para formar estruturas maiores, ou teriam as diferenças iniciais na distribuição da matéria em larga escala, semeadas imediatamente na esteira do próprio Big Bang (ver página 169), influenciado o local em que a matéria se aglutinou?

De cima para baixo ou de baixo para cima? Evidências atuais sugerem a ação de uma mistura dos dois processos. Diferenças em grande escala na distribuição da matéria são responsáveis pelo arranjo geral de superaglomerados de galáxias em enormes filamentos em torno de vazios desprovidos de galáxias. Enquanto isso, estruturas de menor escala, de galáxias até aglomerados, são atraídas pela força da gravidade.

Isso levanta a questão sobre o que eram as primeiras estruturas de escala menor que se tornaram as sementes de galáxias? A presença de buracos ne-

linha do tempo

1974	1978	2002
Cameron e Truran propõem a existência de distintas estrelas da População III	Rees propõe estrelas da População III como uma possível fonte de matéria escura MACHOS	Bromm, Coppi e Larson mostram como as primeiríssimas estrelas podiam ultrapassar limites de massa estelar

gros supermassivos no centro da maior parte das galáxias e a dominância de quasares brilhantes no Universo primitivo sugerem uma sequência de eventos, nos quais buracos negros gigantes puxaram material para dentro, se devoraram para formar quasares e detonaram ondas de nascimento de estrelas no material que reuniram ao redor a uma distância segura. Mas, para começar, de onde vieram esses buracos negros?

Astrônomos têm ponderado esse cenário desde os anos 1970, principalmente usando modelos computacionais para mostrar como a matéria poderia ter colapsado e se aglutinado sob a influência da gravidade. Embora alguns tenham argumentado que buracos negros supermassivos poderiam simplesmente ser formados pelo colapso de nuvens de gás no Universo primitivo, outros sugerem que eles tinham maior probabilidade de terem sido formados da fusão de buracos negros menores deixados pela primeira geração de estrelas.

O problema da reionização

A radiação intensa das estrelas da População III oferece uma solução potencial para um dos maiores mistérios acerca do Universo em larga escala: o chamado problema da reionização. Simplificando, o problema surge porque as vastas nuvens de hidrogênio encontradas no espaço intergaláctico estão eletricamente carregadas, ou sob forma ionizada, com os átomos despidos de seus elétrons. No entanto, de acordo com a teoria do Big Bang, a matéria deveria ter emergido da bola de fogo primeva sob a forma de átomos sem carga – de fato, a "recombinação" de núcleos atômicos com elétrons foi o estágio final do próprio Big Bang (ver página 168). Parece que algum processo tinha de reionizar o meio intergaláctico antes que as primeiras galáxias se formassem, e radiação ultravioleta de alta energia vinda de estrelas monstros é considerada a candidata mais provável.

População III A comparação entre estrelas com idades diferentes em locais diferentes na nossa galáxia e no amplo Universo mostra que a proporção de elementos mais pesados – que os astrônomos chamam de metais – entre as matérias-primas da formação de estrelas aumentou ao longo de bilhões de anos de história cósmica. Em 1944, Walter Baade reconheceu a diferença entre a População I, jovem e rica em metais, e a População II, mais velha e pobre em metais, mas só nos anos 1970 é que a possibilidade de uma distinta População III, feita inteiramente de elementos leves formados no Big Bang, foi levantada por A. G. W. Cameron e James Truran. O caso das es-

2003
Alexander Heger et al. modelam os processos que terminam a vida das estrelas mais massivas

2005
O Telescópio Espacial Spitzer detecta um brilho no infravermelho que se acredita ter sido gerado a partir de estrelas da População III

trelas da População III se torna mais premente nos anos 1990, depois que astrônomos descobriram que até os quasares mais distantes e antigos e as galáxias primitivas já eram enriquecidos com elementos pesados de alguma fonte anterior.

Por volta dessa época, os cosmólogos começaram a estudar a evolução do Universo inicial por meio de modelos computacionais. Começando com dados das irregularidades da radiação cósmica de fundo em micro-ondas (ver página 180), eles traçaram como se comportariam tanto a matéria luminosa quanto a invisível matéria escura (ver página 188). Descobriram que em cerca de 200 milhões de anos a partir do Big Bang, pequenas "protogaláxias" começaram a se aglutinar. Com cada uma contendo até milhões de massas solares de gás formador de estrelas em uma região a poucas dezenas de anos-luz de diâmetro, essas constituiriam berçários ideais para estrelas da População III.

> **"Aquelas estrelas foram as que formaram os primeiros átomos pesados que acabaram por permitir que estejamos aqui."**
> **David Sobral**

Modelagem de monstros Enquanto isso, outros astrônomos estavam modelando as propriedades das estrelas. Logo ficou claro que, como o gás da protogaláxia era muito mais quente e acelerado do que o meio interestelar atual, seria necessária muito mais gravidade para fazer com que ele colapsasse em uma estrela. Em outras palavras, os menores aglomerados formadores de estrelas iniciais seriam dezenas, talvez centenas, de vezes mais massivos do que no Universo atual. Em circunstâncias normais, isso seria uma receita para desastre e desintegração – à medida que o centro da nuvem em colapso se aquecesse pelo colapso gravitacional, ela emitiria tanta radiação que as regiões exteriores explodiriam. Mas em 2002, pesquisadores mostraram que as circunstâncias singulares do Universo inicial, com matéria normal e escura ainda em grande proximidade e sem elementos pesados, poderiam sobrepujar esse problema, permitindo a formação de estrelas com muitas centenas de massas solares.

Uma vez formadas, essas estrelas monstros seriam surpreendentemente estáveis e tranquilas. A falta de elementos pesados iria inicialmente restringir seus processos de fusão nuclear à simples cadeia próton-próton (ver página 76), reduzindo a quantidade de radiação gerada e evitando que elas explodissem. Apesar disso, as condições no núcleo significavam que essas estrelas iriam, ainda assim, queimar o suprimento de hidrogênio combustível de seu núcleo em alguns poucos milhões de anos, e começar a criar elementos pesados de um modo semelhante às vermelhas gigantes e às supergigantes de hoje. Eventualmente, no entanto, essas fontes de combustível também seriam exauridas, e as estrelas encontrariam seu fim em supernovas espetaculares e muito mais potentes do que qualquer uma que tenhamos visto (ver

A morte de gigantes

Achava-se que estrelas monstruosas, como aquelas que podem ter se formado na População III, podiam morrer em um único tipo de supernova – a chamada supernova de fotodesintegração. A fotodesintegração é um processo que se dá, até certo ponto, nos núcleos de todas as estrelas ligadas a supernovas, e envolve a fragmentação dos núcleos atômicos quando são atingidos por raios gama de alta energia. O processo em geral absorve energia e faz uma pequena contribuição para o processo geral de nucleossíntese em supernovas, mas, à medida que estrelas com mais de 250 massas solares se aproximam do final de suas vidas, ele pode ocorrer em taxas altamente aceleradas. A absorção de energia cria uma queda rápida de pressão no núcleo da estrela, produzindo o buraco negro que come a estrela de dentro. Uma proporção do material da estrela, enriquecido com os elementos pesados criados durante sua vida, pode jorrar dos polos em dois jatos a velocidades próximas à da luz, mas a grande maioria da massa da estrela é retida pelo buraco negro, fazendo disso uma forma de rapidamente construir buracos negros com centenas de massas solares.

boxe acima). No processo, elas espalhariam seus elementos pesados pelo espaço ao redor, enriquecendo a mistura de material nas galáxias maiores que já estivessem aglutinando em torno delas.

Vale a pena notar que a massa dessas primeiras estrelas ainda é assunto de debate. Algumas linhas de evidências sugerem que elas ficavam limitadas a massas mais semelhantes àquelas no Universo atual. Evidência sobre qual modelo é o correto pode vir do Telescópio Espacial James Webb, da NASA, que espera capturar a luz dessas estrelas da População III pela primeiríssima vez depois de seu lançamento, por volta de 2019.

A ideia condensada: as primeiras protogaláxias eram povoadas com estrelas monstros

44 A margem do Universo

A luz pode ser a coisa mais rápida que existe, mas sua velocidade ainda é finita. Isso quer dizer que, quando olhamos a vastidão do espaço, olhamos também para o tempo passado. E como o Universo tem uma história finita, a velocidade limitada da luz também cria um limite cósmico, além do qual jamais poderemos ver.

O fato de que a luz viaja através do espaço a cerca de 300 mil quilômetros por segundo foi estabelecido nos séculos XVIII e XIX. Resultados a partir de uma variedade de experiências engenhosas foram sustentados teoricamente pelos cálculos do físico escocês James Clerk Maxwell, que mostrou em um artigo importante de 1864, que a luz é uma onda eletromagnética – uma combinação de perturbações elétricas e magnéticas que se propagam através do espaço numa velocidade fixa.

A velocidade limitada da luz transforma nosso Universo em uma espécie de máquina do tempo cósmica, já que a luz de objetos distantes deve ter levado algum tempo para nos alcançar. A primeira tentativa plausível para medir a velocidade da luz, feita pelo astrônomo dinamarquês Ole Rømer, em 1676, se baseou exatamente nessa ideia. Rømer notou mudanças no ritmo dos eclipses – que ocorriam quando satélites galileanos de Júpiter (ver página 10) se moviam em torno de seu planeta genitor – e as atribuiu a mudanças no tempo que a luz leva para chegar à Terra, graças à variação de posições dos dois planetas.

Na maior parte das situações, astrônomos consideram esse efeito – conhecido como horizonte passado – apenas como conhecido, mas, em casos de distâncias maiores, ele tem efeitos colaterais úteis. Quando olhamos para objetos a bilhões de anos-luz de distância no espaço, os estamos vendo também há bilhões de anos na história. Olhe para longe o suficiente, e a luz das

linha do tempo

1864	1948	1964
Maxwell estabelece a velocidade fixa da luz no vácuo	Alpher e Hermann preveem que a margem do Universo observável deveria emitir radiação fraca	Penzias e Wilson detectam sinais de rádio vindos da radiação cósmica de fundo em micro--ondas

galáxias que chega aos nossos telescópios saiu em sua jornada na direção da Terra em um ponto significativamente anterior em sua evolução. Isso explica por que violentas galáxias ativas, como os quasares (ver página 155), tendem a estar tão distantes no espaço – elas representam uma fase muito mais antiga da evolução galáctica, na qual buracos negros supermassivos estão se alimentando mais vorazmente do que se alimentam nas galáxias tranquilas e evoluídas de hoje.

Sondando o passado Desde os anos 1990, astrônomos têm usado as capacidades únicas do Telescópio Espacial Hubble para se aproveitar desse efeito, criando uma série de "Campos Profundos do Hubble", que combinam a fraca luz capturada ao longo de muitas horas, enquanto o telescópio mira, sem piscar, uma região única, aparentemente vazia, do espaço. Diversas áreas diferentes do céu foram estudadas desse modo, e todas revelaram uma história semelhante – incontáveis galáxias estendendo-se até os limites da visibilidade. Galáxias elípticas só aparecem no primeiro plano dessas imagens, enquanto os alcances médios mostram espirais em processo de formação. As galáxias mais distantes são avassaladoramente irregulares e iluminadas por violenta formação de estrelas.

> ## O Universo observável
>
> O limite máximo de nossas observações do Universo é estabelecido pela distância que a luz pode ter viajado durante os estimados 13,8 bilhões de anos desde o Big Bang (ver página 166). Esse limite, onde se origina a CMBR, é considerado a margem do "Universo observável". Pode-se supor, razoavelmente, que está a 13,8 bilhões de anos-luz de distância em qualquer direção. Entretanto, a realidade é um pouco mais complicada. A expansão do espaço, enquanto a luz o atravessava, não apenas foi estendida e avermelhada em seus comprimentos de onda, mas também aumentou a distância entre sua fonte e a Terra. Então, embora um facho de luz possa ter viajado durante 13,8 bilhões de anos, a expansão cósmica significa que sua fonte está agora a muito mais de 13,8 bilhões de anos-luz de distância. De fato, as estimativas mais recentes sugerem que podemos, hipoteticamente, ver luz de objetos que estão a uns 46,5 bilhões de anos-luz de distância e, portanto, esse é o limite verdadeiro do Universo observável.

Em última análise, no entanto, as galáxias mais distantes sofrem desvios vermelhos tão imensos que a luz delas é principalmente emitida no infravermelho. O HST carrega instrumentos de infravermelho que permitem que ele siga galáxias um pouco além dos limites da luz visível, mas não

---

1992
O satélite COBE mede reverberações na CMBR, os primeiros indícios de estrutura no Universo

2005
J. Richard Gott III *et al.* calculam o raio do Universo observável como cerca de 46,5 bilhões de anos-luz

2009
O satélite European Space Agency's Planck é lançado, mapeando a CMBR em detalhes sem precedentes

muito, e há ainda um limite para o brilho de galáxias, que as imagens de longa exposição dos Campos Profundos podem perceber. Os objetos mais distantes capturados até agora são, portanto, galáxias raras cuja luz (principalmente infravermelha) é amplificada pelo efeito conhecido como lente gravitacional (ver página 192). Entretanto, a ideia geral é que as rajadas de raios gama – incrivelmente potentes, embora de curta duração – que chegam à Terra de todas as partes do céu são originárias de eventos cataclísmicos em galáxias que são, de outro modo, indetectáveis (ver páginas 125 e 133).

> **Já observei estrelas cuja luz, isso pode ser provado, deve levar 2 milhões de anos para chegar à Terra.**
>
> William Herschel

O Telescópio Espacial James Webb da NASA, sucessor infravermelho do Hubble, deveria poder captar imagens de muitas dessas galáxias antigas e de outros objetos no Universo inicial (ver página 177), mas no momento as margens do Universo finalmente desapareceram em escuridão por volta de 13 bilhões de anos-luz de distância – poucas frustrantes centenas de milhões de anos depois do próprio Big Bang. Por sorte, esse não é bem o fim da história.

Sinais vindos da margem   Em 1964, os radioastrônomos Arno Penzias e Robert Wilson, trabalhando numa antena de rádio nova e altamente sensível nos laboratórios da Bell Telephone, em Nova Jersey, descobriram seu sistema acometido de uma fonte desconhecida de ruído de rádio fraco, mas persistente. Depois de investigarem todas as possíveis fontes de contaminação (incluindo a possibilidade de dejetos emissores de rádio deixados por pombos, que tinham feito ninho na antena), concluíram que o sinal era real. E ainda mais, o ruído de rádio estava vindo do céu e correspondia a um corpo negro uniforme (ver página 60) com uma temperatura de cerca de 4° kelvin (4°C acima do zero absoluto). Isso combinava quase perfeitamente com a previsão de Ralph Alpher e Robert Hermann feita em 1948, de que a origem teórica do Big Bang do Universo deixaria para trás uma luminosidade posterior de luz primordial, vinda da época em que a bola de fogo opaca do Universo jovem se tornou transparente (ver página 168). Depois de bilhões de anos de viagem pelo espaço, essa luz está finalmente chegando à Terra, mas sofreu um desvio para o vermelho para a parte micro-ondas do espectro, criando a chamada radiação cósmica de fundo em micro-ondas (CMBR).

Nos anos seguintes à descoberta inicial da CMBR, astrônomos refinaram suas medidas de temperatura e viram que ela é uniformemente 2,73° kelvin (2,73°C acima do zero absoluto, equivalente a -270°C). Entretanto, a aparente uniformidade da radiação se tornou um problema em si, já que era difícil combiná-la com as propriedades do Universo como as conhecemos hoje (ver página 168). Em 1992, o satélite Cosmic Background Explorer

Um mapa detalhado da CMBR na Wilkinson Microwave Anisotropy Probe (WMAP) [Sonda Wilkinson de Anisotropia de Micro-ondas], da NASA, combina os resultados de nove anos de observações. As áreas mais claras são ligeiramente mais quentes do que a temperatura média de 2,73° K da CMBR, enquanto as mais escuras são ligeiramente mais frias.

(COBE) finalmente resolveu esse problema ao descobrir minúsculas variações (cerca de uma parte em 100 mil) na temperatura da CMBR. Essas são as sementes das estruturas de larga escala encontradas pelo cosmos atual. Desde então, a CMBR tem sido medida com cada vez mais precisão, tornando-se um instrumento importante para a compreensão das condições logo em seguida ao Big Bang.

A ideia condensada: quanto mais longe nós vemos, mais profundamente olhamos para trás no tempo

45 A matéria escura

A ideia de que mais de 80% de toda matéria no Universo não é apenas escura, mas simplesmente não interage com a luz, é um dos aspectos mais enigmáticos da cosmologia moderna. A evidência da existência de matéria escura é avassaladora, mas informações a respeito de sua real composição permanecem frustrantemente fugidias.

Em 1933, pouco depois da confirmação de galáxias além da Via Láctea e do reconhecimento inicial de aglomerados de galáxias como estruturas físicas (ver página 158), Fritz Zwicky fez a primeira tentativa rigorosa para estimar a massa das galáxias. Ele pesquisou diversos métodos, sendo que o mais curioso foi uma técnica matemática conhecida como o teorema do Virial – um modo de estimar a massa de galáxias em um aglomerado a partir de seu movimento e de sua posição. Quando Zwicky aplicou esse teorema ao bastante conhecido aglomerado de Coma, encontrou que suas galáxias estavam se comportando como se tivessem 400 vezes a massa sugerida por suas luzes visíveis. Ele atribuiu essa diferença ao chamado *dunkle materie*, ou matéria escura.

A ideia de Zwicky amarrava-se às descobertas de Jan Oort, que estava ocupado mais perto de casa, medindo a rotação da Via Láctea (ver página 139). Oort descobriu que, enquanto a velocidade de objetos orbitando o centro da nossa galáxia diminui com a distância (exatamente como os planetas mais distantes do nosso próprio sistema solar orbitam mais lentamente em torno do Sol), eles não vão tão mais devagar quanto seria de se esperar se a distribuição de massa na Via Láctea fosse a mesma que a de suas estrelas. Oort, portanto, sugeriu que há uma grande quantidade de matéria invisível enchendo a região do halo na Via Láctea, além dos braços espirais visíveis.

linha do tempo

1932
Oort delineia problemas na rotação de estrelas em torno da Via Láctea que implicam em matéria faltante

1933
Zwicky usa o teorema do Virial para pesar o aglomerado de Coma, e descobre grandes quantidades de matéria escura

1975
Rubin publica evidência de matéria escura a partir de um estudo detalhado da rotação galáctica

Apesar das investigações iniciais, o estudo da matéria escura foi tirado de pauta durante diversas décadas pelos progressos em outros campos da astronomia. A descoberta de imensas nuvens de gás interestelar visíveis em comprimentos de onda de rádio – muitas das quais foram mapeadas pelo próprio Oort – pareceu resolver a questão. Ficou provado como certo que as galáxias realmente contêm muito mais matéria do que o sugerido pela luz visível. À medida que telescópios em foguetes e satélites abriram ainda mais o espectro do invisível a partir dos anos 1950, mais desse material, de nuvens de poeira infravermelha entre as estrelas a gás de raios x quente em torno de aglomerados de galáxias (ver página 159), foi trazido à luz.

> **Em uma galáxia espiral, a proporção de matéria escura para matéria luminosa tem um fator próximo a dez. Esse é provavelmente um bom número para a proporção da nossa ignorância em relação ao nosso conhecimento.**
>
> Vera Rubin

Redescoberta da matéria escura   Assim, o problema foi deixado de lado até 1975, quando a astrônoma norte-americana Vera Rubin publicou os resultados de sua diligente nova investigação a respeito do problema da rotação galáctica. Ela descobriu que, uma vez que todo o gás e poeira interestelares foram levados em conta, as órbitas das estrelas *ainda* não estavam se comportando como deveriam. Os números de Zwicky eram significativamente excessivos, mas as galáxias pareciam se comportar como se pesassem cerca de 6 vezes mais do que a matéria visível dentro delas.

As alegações de Rubin eram compreensivelmente controversas, mas seu trabalho foi meticuloso, e assim que foi confirmado independentemente em 1978, a maior parte dos astrônomos voltou sua atenção à questão de saber se a matéria escura existia, o que poderia ser e como poderia ser estudada.

A maior parte das tentativas para explicar a matéria escura caiu em duas categorias: se isso se deve a grandes quantidades de matéria ordinária que nós simplesmente não vemos, porque mal emitem radiação (chamada matéria escura bariônica), ou se a alguma forma nova e exótica de material (matéria escura não bariônica). Nos anos 1980, os astrônomos cunharam acrônimos

1998
Pesquisadores japoneses confirmam que os neutrinos têm massa, respondendo por uma pequena fração de matéria escura

2003
Richard Massey *et al.* usam lentes gravitacionais para medir a distribuição de matéria escura no chamado aglomerado de Bala

> ### Matéria escura e o Big Bang
>
> Outra linha importante de evidências aponta para a existência de matéria escura não bariônica – a própria teoria do Big Bang. Não apenas o modelo de nucleossíntese do Big Bang para a criação de elementos combina exatamente com as proporções de matéria bariônica vista no Universo primitivo (não deixando espaço para MACHOS), mas é necessária alguma forma de partículas WIMP para explicar a formação de estrutura no próprio Universo. As variações em pequena escala na radiação cósmica de fundo em micro-ondas (ver página 180) sugere que concentrações de matéria e massa já tinham começado a se formar no início do Universo, bem antes de ele se tornar transparente. Interações com a luz teriam criado pressão de radiação que impediu que matéria bariônica se aglutinasse até depois que a bola de fogo inicial clareasse (ver página 168). Por sorte, a matéria escura já era capaz de construir a estrutura em torno da qual foram mais tarde formados os superaglomerados de galáxias.

fáceis de serem lembrados para os dois candidatos mais prováveis – MACHOS [massive astrophysical compact halo objects] bariônicos e WIMPs [weakly interacting massive particles] não bariônicos.

Os MACHOS (objetos de halo maciços compactos) são acúmulos pequenos, mas densos, de matéria normal que se pensam estar em órbita nos halos galácticos. Entre esses objetos podem estar hipotéticos planetas desgarrados, buracos negros, estrelas de nêutrons mortas e anãs brancas esfriadas. Esses objetos poderiam ter passado amplamente despercebidos sob telescópios antigos, e podem ter sido responsabilizados por uma grande quantidade de massa. Entretanto, progressos na tecnologia dos telescópios e engenhosas novas técnicas permitiram buscas intensivas da região do halo galáctico nos anos 1990. Embora tenham sido detectados alguns objetos desgarrados, pesquisadores concluíram que eles simplesmente não existem em número necessário para fazer uma contribuição significativa para a matéria escura.

A busca de WIMPs Tendo os MACHOs sido desconsiderados, astrônomos e cosmólogos ainda ficaram com a inquietante ideia de WIMPs exóticos – material fantasmagórico que de algum modo existe em conjunção com a matéria bariônica do dia a dia, mas raramente interage com ela. As partículas WIMP não absorvem, espalham ou emitem luz, e podem passar direto através de átomos de matéria normal, como se eles não existissem. O único modo de "ver" essas partículas é pelos efeitos de suas gravidades sobre outros objetos.

O primeiro passo importante para compreender os WIMPs é medir sua distribuição em relação à matéria normal: será que são "frias", unidas em torno, em associação próxima, a objetos luminosos; ou "quentes", voando através de grandes distâncias e mantendo apenas a conexão mais fraca com o Universo visível? Desde os anos 1990, os astrônomos vêm desenvolvendo uma nova técnica para pesar, e até mapear, matéria escura usando lentes gravitacionais, o modo pelo qual grandes concentrações de massa, como aglomera-

> ### A contribuição do neutrino
>
> As propriedades dos hipotéticos WIMPS combinam muito bem com as dos neutrinos, as partículas aparentemente sem massa, emitidas durante determinadas reações nucleares, que os astrônomos usam para sondar os interiores de estrelas e como um aviso prévio de supernovas incipientes (ver página 124). Os neutrinos são mais bem observados por detectores profundos subterrâneos, que dependem das interações raras entre neutrinos e matéria bariônica que produzem um resultado mensurável, como um fraco flash de luz. Em 1998, pesquisadores no observatório de neutrinos Super-Kamiokande, no Japão, usaram essa técnica para identificar um fenômeno chamado oscilação, no qual os neutrinos variam entre três tipos diferentes de "sabores". De acordo com a física de partículas, isso só pode acontecer se os neutrinos realmente carregarem uma pequena quantidade de massa, embora provavelmente menos de 1 bilionésimo da massa de um átomo de hidrogênio.

dos de galáxias, dobram e distorcem a luz de objetos mais distantes (uma consequência da Relatividade Geral, ver página 192). Ironicamente Zwicky estava defendendo o uso das lentes gravitacionais para pesar galáxias ainda em 1937, mais de quarenta anos antes de os primeiros exemplos desses objetos terem sido descobertos.

Ao comparar a força dos efeitos das lentes (dominados pela matéria escura) com a luz de matéria visível, os pesquisadores descobriram que as duas tendem a ter distribuição semelhante, sugerindo que a matéria escura fria é o tipo dominante. Matéria escura quente, incluindo neutrinos (a única forma de WIMP a ser descoberto experimentalmente até agora – ver boxe acima), faz uma contribuição relativamente menor. Mesmo assim, apesar desses sucessos, a própria natureza do mistério da matéria escura faz com que seja mais provável que sua resolução seja dada por meio de pesquisas em aceleradores de partículas como o Grande Colisor de Hádrons do que por observações telescópicas.

A ideia condensada: oitenta por cento da massa no Universo é feita de misteriosa matéria invisível

46 Energia escura

A descoberta de que a expansão do Universo está acelerando, em vez de diminuir, é uma das revelações científicas mais excitantes dos tempos recentes. Astrônomos ainda não têm certeza de o quê, exatamente, é essa energia escura, mas as soluções possíveis têm implicações imensas em nossa compreensão do cosmos.

Quando a NASA lançou o Telescópio Espacial Hubble, em abril de 1990, seu projeto primário, ou Projeto Chave, era estabelecer a Constante de Hubble (a taxa de expansão cósmica) e, portanto, a idade do Universo, estendendo o uso confiável das estrelas variáveis Cefeidas como velas padrão (ver página 148) a distâncias sem precedentes. Isso acabou dando ao Universo uma idade amplamente aceita de cerca de 13,8 bilhões de anos.

Cosmologia da supernova Em meados dos anos 1990, duas equipes em separado foram pioneiras de uma nova técnica para a medida de distâncias galácticas, usando supernovas tipo IA como "velas padrão", com o objetivo de verificar os resultados do Hubble. Em teoria, esses raros eventos – detonados quando uma anã branca em um sistema binário compacto excede o Limite de Chandrasekhar e se destrói em uma explosão de energia (ver página 132) – sempre liberam a mesma quantidade de energia e deveriam mostrar sempre o mesmo pico de luminosidade. O brilho máximo como é visto na Terra, portanto, informa facilmente a distância da supernova. O principal desafio é que esses eventos são extremamente raros, mas as duas equipes conseguiram usar tecnologia de busca automatizada para varrer uma multidão de galáxias distantes em busca de sinais iniciais delatores de brilho e apanhá-los antes que atingissem o ponto máximo.

A ideia de ambos os projetos – o "High-z' Supernova Search Team" (equipe de busca de supernova de alto), internacional, e o "Supernova Cosmology Project" (projeto de cosmologia de supernova) com base na Califórnia – era comparar as distâncias das medidas de supernovas com aquelas deduzidas pela Lei de Hubble (ver página 163). No total, a equipe colheu dados de

linha do tempo

1915	1929	1998
Einstein acrescenta a expressão "constante cosmológica" à Relatividade Geral para manter o Universo estático	A descoberta da expansão cósmica parece tornar redundante a constante cosmológica	Duas equipes de astrônomos registram evidência de que a velocidade da expansão cósmica está acelerando

42 supernovas com grande desvio para o vermelho com distâncias de diversos bilhões de anos-luz, e mais 18 no Universo próximo. Como suas medidas se estendiam até muito além da escala relativamente local do Projeto Chave do Hubble, os astrônomos esperavam encontrar evidência de que a expansão cósmica tinha diminuído ligeiramente desde o Big Bang. Nesse caso, a distância verdadeira até as supernovas mais distantes seria menor do que a sugerida pelo seu desvio para o vermelho, e elas pareceriam, portanto, mais brilhantes do que o previsto.

O que ninguém esperava era que o contrário fosse verdadeiro. As supernovas mais distantes pareciam ser consistentemente mais *fracas* do que seu desvio para o vermelho predizia. Os astrônomos gastaram meses investigando as causas possíveis para a diferença, antes de apresentarem suas descobertas para a toda a comunidade em 1998. A conclusão inevitável era que, quando se consideravam todos os outros fatores, supernovas tipo ia realmente distantes eram mais fracas do que o predito, implicando que a expansão cósmica não tinha diminuído de velocidade com o tempo, mas acelerado. Esse resultado surpreendente foi apoiado por evidências resultantes de diversas outras abordagens, inclusive medidas de detalhes na radiação cósmica de fundo em micro-onda (CMBR) e estudos de estrutura cósmica em larga escala. A expressão "energia escura" foi cunhada em 1998 e, em 2011, Saul Perlmutter, do Projeto de Cosmologia Supernova, compartilhou o Prêmio Nobel em Física com Brian Schmidt e Adam Riess, do High-z Supernova Search Team.

Em 1994, o Telescópio Espacial Hubble captou imagens de uma supernova tipo IA (esquerda inferior) na galáxia relativamente próxima NGC 4526. A uma distância de 50 milhões de anos-luz da Terra, estava próxima demais para ser afetada por energia escura.

> **"Os astrônomos deveriam poder fazer perguntas fundamentais sem aceleradores (de partículas)."**
>
> **Saul Perlmutter**

1998
Michael Turner cunha a expressão "energia escura" para descrever a misteriosa aceleração cósmica

2011
Perlmutter, Schmidt e Riess ganham o Prêmio Nobel de Física

2013
Dados do Planck mostram que a energia escura responde por 68,3% de toda a energia do Universo

A natureza da energia escura Então, o que, exatamente, é a energia escura? Várias interpretações foram apresentadas, e praticamente a única coisa com que todo mundo concorda é que, em termos de energia, ela é o principal componente do atual Universo. Em 2013, medidas da CMBR pelo satélite Planck, da Agência Espacial Europeia, sugeriram que a energia escura responde por 68,3% de toda a energia no cosmos, sendo que a matéria escura compreende 26,8%, e a matéria bariônica comum fica relegada a meros 4,9%. A continuação da investigação das supernovas de alto desvio para o vermelho, enquanto isso, complicou ainda mais as coisas ao mostrar que a expansão estava realmente desacelerando nos estágios iniciais da história cósmica, apenas para que a energia escura exercesse sua influência durante os últimos 7 bilhões de anos, e fizesse com que a taxa de expansão se acelerasse.

Caçada à energia do vácuo

Se a energia escura tiver realmente de ser mais bem explicada por um campo de energia da "constante cosmológica" permeando o espaço, então ela pode ajudar a resolver um problema de cem anos, conhecido como a catástrofe do vácuo. A teoria quântica (a física do mundo subatômico, em que ondas e partículas são intercambiáveis e certezas conhecidas são substituídas por probabilidades) prediz que qualquer região vazia de espaço contém, mesmo assim, uma "energia de vácuo". Isso lhe permite criar espontaneamente pares de partículas-antipartículas "virtuais" durante um breve momento.

A intensidade dessa energia pode ser predita a partir de princípios bastante conhecidos de física quântica, e a presença de partículas virtuais, pipocando e sumindo o tempo todo ao nosso redor, pode ser provada, e até medida, por um estranho fenômeno chamado o efeito de Casimir. Entretanto, os valores medidos para a energia do vácuo são pelo menos 10^{100} vezes mais fracos do que os efeitos previstos (o que é 1 seguido de 100 zeros). Não é de se espantar, portanto, que a energia do vácuo tenha sido chamada de a pior previsão teórica na história da física.

À primeira vista, a energia do vácuo soa muito como a abordagem da "constante cosmológica" à energia escura, e seria surpreendente descobrir que os dois fenômenos são independentes. Mas se for isso, então a energia escura só pioraria a situação: de acordo com as melhores estimativas, ela é 10^{120} vezes fraca demais para combinar com as previsões!

Ao ouvir falar da nova descoberta, muitos astrônomos foram lembrados da constante cosmológica de Einstein. O grande físico acrescentou esse termo adicional à sua Teoria da Relatividade Geral para evitar que o Universo (que na época se pensava ser estático) colapsasse para dentro de si mesmo (ver página 163), mas Einstein chegou a se arrepender dessa inclusão quando a expansão cósmica foi, depois, confirmada. Mesmo assim, uma versão modificada do conceito de Einstein é uma das candidatas plausíveis para a energia escura. Nesse modelo, a constante é uma quantidade ínfima de energia intrínseca a um volume fixo de espaço. Como energia é equivalente à massa pela famosa equação $E=mc^2$, a constante tem, portanto, um efeito gravitacional exatamente como qualquer massa, embora, por motivos complexos, nesse caso o efeito seja de repulsão. Apesar do conteúdo de energia de cada quilômetro cúbico de espaço ser ínfimo, os efeitos aumentam em grandes distâncias. Além disso, aumentam com o tempo, à medida que o Universo, e o volume de espaço dentro dele, se expandem.

26,8% de matéria escura
68,3% de energia escura
0,5% de matéria em galáxias visíveis
4,4% de matéria no meio intergaláctico

Esse gráfico em pizza mostra a dominância da energia no conteúdo massa-energia do Universo, de acordo com medidas de 2013 feitas com o Telescópio Planck.

As principais candidatas a explicações alternativas são as chamadas teorias "quintessência", nas quais a densidade da energia escura não é uniforme através do espaço, mas, em vez disso, é dinâmica, acumulando-se em alguns lugares mais do que em outros e fazendo com que expandam mais. Diversas teorias desse tipo foram apresentadas, algumas das quais tratam as quintessências como uma "quinta força" da natureza análoga a gravidade, eletromagnetismo e forças do núcleo atômico.

Seja lá qual for a natureza da energia escura, os cientistas vão continuar a estudar seus efeitos no Universo atual e no passado. As implicações para o futuro do cosmos, enquanto isso, são imensas, e potencialmente o condenam a uma morte longa, fria (ver página 202).

A ideia condensada: a expansão cósmica está acelerando, mas não sabemos bem por quê

47 Relatividade e ondas gravitacionais

As teorias gêmeas de Einstein, de Relatividade Geral e Especial, revolucionaram a física no início do século XX. Para os cosmólogos teóricos, elas proveem os fundamentos para a compreensão da natureza do Universo, enquanto para astrônomos em ação, oferecem novos instrumentos para a observação dos extremos do cosmos.

Albert Einstein, acadêmico fracassado, trabalhava no Departamento Suíço de Patentes quando, em 1905, publicou uma série de 4 artigos que o impulsionaram para a fama científica. Dois deles tratavam do reino atômico e subatômico, mas o segundo par investigava o comportamento de objetos em movimento não acelerado a velocidades próximas à da luz – fenômeno conhecido como relatividade especial. Einstein foi levado a investigar os extremos do movimento por problemas manifestados na física durante a década anterior – em particular, questões relacionadas à velocidade da luz.

O físico escocês James Clerk Maxwell estabelecera, em 1865, que a luz tinha uma velocidade fixa no vácuo (representada como c) de cerca de 300 mil quilômetros por segundo. Os físicos na época supunham que essa era a velocidade da transmissão através de um meio onipresente de transmissão de luz, que eles chamavam de éter luminífero. Com técnicas sensíveis seria possível medir a leve variação na velocidade da luz vinda de diferentes direções causada pelo movimento da Terra através do éter. Em 1887, então, Albert Michelson e Edward Morley idealizaram uma experiência nova, engenhosa e altamente sensível, para detectar essa diferença. Quando a experiência deu em nada, os físicos se viram numa crise. Diversas teorias

linha do tempo

1865	1887	1905	1907
Maxwell calcula a velocidade fixa da luz e outras radiações eletromagnéticas em um vácuo	O fracasso da experimentação de Michelson-Morley lança a física numa crise	Einstein publica sua Teoria de Relatividade Especial, incluindo a equivalência entre massa e energia	Minkowski mostra com a relatividade especial pode ser tratada como um efeito geométrico espaço-tempo quadridimensional

foram apresentadas para explicar o resultado negativo, mas apenas Einstein ousou aceitá-la pelo que era, e considerar a possibilidade de que o éter realmente não existia. Em vez disso, ele imaginou: e se a velocidade da luz fosse simplesmente uma constante, independente do movimento relativo entre a fonte e o observador?

Relatividade especial   O primeiro artigo de Einstein essencialmente reimagina as leis simples da mecânica baseadas em dois axiomas: a velocidade fixa da luz e o "princípio da relatividade" (i.e., que as leis da física deveriam sempre aparecer do mesmo modo para observadores em estruturas de referências diferentes, mas equivalentes). Deixando de lado situações de aceleração, ele levou em consideração apenas o caso "especial" de estruturas de referência inertes (sem aceleração). Na maior parte das situações do dia a dia, mostrou, as leis da física serão as mesmas que as delineadas por Isaac Newton no fim do século XVII. Mas quando observadores em duas estruturas de referência diferentes estão em movimento relativo próximo à velocidade da luz, eles começam a interpretar eventos de modos radicalmente diferentes. Esses efeitos, chamados "relativísticos", incluem uma contração do comprimento na direção do movimento, e uma desaceleração do tempo (dilação do tempo). Nesse segundo artigo sobre a relatividade, Einstein mostrou que objetos viajando em velocidades relativísticas aumentam em massa, e a partir daí, provou que a massa de um corpo e a energia são equivalentes, derivando a famosa equação $E=mc^2$. Em todos os casos, as distorções são apenas aparentes para um observador *fora* da estrutura de referência. Para qualquer pessoa dentro dela, tudo parece normal.

> **"A busca do absoluto leva ao mundo quadridimensional."**
> Arthur Eddington

A relatividade especial é importante para os astrônomos porque deduz que não existe uma estrutura de referência fixa da qual o Universo deva ser medido – lugar algum que seja verdadeiramente estacionário ou onde o tempo passe em velocidade absoluta. O efeito previsto por ela não apenas foi demonstrado em experimentos com base na Terra, mas também se provaram úteis na explicação de uma variedade de fenômenos astronômicos, que vão do comportamento dos jatos relativísticos (emitidos dos polos de estrelas de nêutrons e galáxias ativas) à origem da matéria no próprio Big Bang.

1915
Einstein publica sua Teoria da Relatividade Geral, mostrando como a massa deforma o espaço-tempo

1919
Eddington demonstra o efeito de lente gravitacional que surge da relatividade geral

2016
Cientistas do LIGO confirmam a existência de ondas gravitacionais, a última previsão não provada da relatividade geral

Lente gravitacional

A lente gravitacional ocorre quando raios de luz vindos de um objeto distante passam próximos a uma grande massa e têm seus trajetos defletidos pelo espaço-tempo distorcido em torno deles. Para um objeto como o Sol, o efeito mal é detectável (a expedição de eclipse de Eddington mediu deflexões na posição aparente de estrelas chegando a menos de 1/10.000 de grau), mas para maiores concentrações de massa o resultado pode ser muito mais impressionante. O primeiro desses objetos gravitacionalmente distorcidos, descoberto em 1979, foi o Quasar gêmeo – um quasar distante cuja luz chega à Terra de duas direções depois de defletir em torno de uma galáxia interposta.

A partir daí, astrônomos encontraram muitos exemplos mais de lente gravitacional – especialmente em torno de aglomerados densos de galáxias, onde o objeto distorcido no fundo é muitas vezes dobrado em uma série de formatos parecidos a arcos. A distorção oferece um instrumento poderoso para o mapeamento da distribuição de massa dentro desses aglomerados, para se aprender mais a respeito da presença de matéria escura (ver página 162), mas pode também ter uma aplicação mais direta. Do mesmo modo que uma lente de telescópio de vidro, uma lente gravitacional pode intensificar a luz de objetos mais distantes, trazendo galáxias extremamente fracas para dentro do limite da visão do alcance de telescópios poderosos. De fato, foi assim que astrônomos detectaram as galáxias mais distantes já descobertas, a uns 13,2 bilhões de anos-luz de distância.

De especial a geral Em 1915, Einstein publicou uma teoria mais geral, agora incorporando situações que envolviam aceleração. A revelação chave veio em 1907, quando ele percebeu que, já que a gravidade provoca aceleração, uma pessoa numa situação de aceleração constante deveria observar exatamente as mesmas leis da física que uma pessoa parada na superfície de um planeta num campo gravitacional. Para astrônomos, isso tinha uma implicação importante: do mesmo modo que um observador em movimento num foguete em aceleração rápida vê o trajeto de um facho de luz se curvar para baixo, então a mesma coisa deveria acontecer num campo gravitacional forte. Essa é a raiz do fenômeno espetacular conhecido como lente gravitacional (ver boxe à esquerda).

Ao longo dos oito anos seguintes, Einstein trabalhou sobre as implicações de sua descoberta, fortemente influenciado pelas ideias de seu antigo tutor na universidade, Hermann Minkowski, a respeito da relatividade especial. Minkowski explorara distorções relativísticas pelas regras da geometria, tratando as três dimensões do espaço e uma do tempo como uma estrutura unificada ou como múltiplo espaço-tempo, dentro da qual cada dimensão pode ser intercambiada pelas outras. Einstein imaginava a gravidade como uma distorção do espaço-tempo, e desenvolveu equações para descrevê-la.

Seu artigo de 1915 aplicou a nova teoria para explicar características da órbita do planeta Mercúrio que não podiam ser explicadas pela física clássica, mas, como foi publicado em alemão no auge da Primeira Guerra Mundial, passou despercebido. Foi só em 1919 que Arthur Eddington apresentou uma demonstração espetacular da nova teoria, medindo o efeito de lentes gravitacionais sobre estrelas próximas ao Sol durante um eclipse solar.

Ondas gravitacionais
No século XX, relatividade especial e geral mostraram-se repetidamente corretas, mas até muito recentemente uma previsão fundamental permaneceu sem provas. Ondas gravitacionais são reverberações minúsculas no espaço-tempo, manifestadas como mudanças em escala atômica nas dimensões do espaço e criadas por massas não simétricas que rodam em alta velocidade (como buracos negros ou estrelas de nêutron espiralando juntos em sistemas binários – ver página 133).

Um modo popular de se pensar a respeito da relatividade geral é imaginar o espaço-tempo como uma folha de borracha, na qual objetos maciços criam distorções. Essas afetam não apenas as órbitas de outros objetos, mas também desviam o curso da luz, fazendo surgir o fenômeno conhecido como lente gravitacional.

Em fevereiro de 2016, no entanto, cientistas norte-americanos finalmente anunciaram a detecção de reverberações no espaço-tempo vindas de um par de buracos negros em processo de fusão, usando os instrumentos do Laser Interferometer Gravitational-Wave Observatory (LIGO) [Observatório de Ondas Gravitacionais por Interferômetro Laser] no estado de Washington e na Louisiana. A descoberta não apenas confirma a teoria de Einstein (e, de fato, prova além de qualquer dúvida a existência de buracos negros), mas também abre um método novo, poderoso, para se observar o cosmos. Como as ondas gravitacionais são criadas por massa, em vez de por matéria luminosa, observatórios futuros de ondas gravitacionais deverão poder estudar matéria escura e até espiar além dos limites da era de desacoplamento (ver página 168) para estudar condições no próprio Big Bang.

A ideia condensada: espaço e tempo são entrelaçados

48 Vida no Universo

A busca por vida e inteligência extraterrestres é uma das áreas mais desafiadoras, mas excitantes, da astronomia moderna. Entretanto, mesmo sem mais descobertas, a existência de nosso próprio planeta habitável faz surgir uma questão intrigante: por que seria o Universo capaz de sustentar qualquer vida?

As últimas décadas viram uma revolução nas perspectivas de vida na nossa galáxia e no Universo mais amplo (ver capítulos 12 e 26). Mas a questão maior é de inteligência: prova de vida extraterrestre mudaria para sempre nosso conhecimento do cosmos, mas o contato de uma espécie alienígena com a nossa própria ciência, tecnologia e filosofia seria um evento muito mais profundo e transformador.

Caça de sinais Diversos projetos com o objetivo de detectar sinais de vida alienígena foram organizados desde o início dos anos 1960. Chamados coletivamente de Busca por Inteligência Extraterrestre (SETI, em inglês), eles, em geral, se concentram em examinar o céu por meio de comprimentos de ondas de rádio, procurando sinais que não poderiam ser explicados por fenômenos naturais. Embora essa abordagem possa ser a melhor que temos, há empecilhos evidentes: os sinais de rádio, como todas as ondas eletromagnéticas, se espalham e somem rapidamente, a não ser que sejam colimadas em um facho direcional compacto, significando que estamos essencialmente nos fiando a uma "civilização que se comunica", enviando deliberadamente um sinal na direção da nossa pequena região do espaço. Isso pode não ser tão improvável quanto parece, já que podemos fazer algo muito parecido se alguma vez detectarmos sinais de vida em um exoplaneta alienígena.

Ainda mais problemático é que os emissores alienígenas teriam de manter sua antena de rádio apontando na nossa direção durante um período longo

linha do tempo

1960	1961	1973
Frank Drake usa o radiotelescópio Green Bank na primeira pesquisa moderna do SETI	Drake formula uma equação para encontrar o número de civilizações na nossa galáxia, embora contenha muitos fatores desconhecidos	Carter usa seus princípios antrópicos para explicar por que o Universo é favorável à vida

de tempo, já que as chances de estarmos olhando na direção certa no momento correto, e com nossos telescópios afinados para a frequência certa, seria astronomicamente pequena. Mesmo que essa feliz coincidência ocorresse, ela poderia ser facilmente desconsiderada, a não ser que o sinal se repitisse. O candidato mais animador até agora para um sinal de rádio extraterrestre – o chamado "Wow!", detectado pelo cientista Jerry Ehman, do SETI, em agosto de 1977 – fracassou. Essa rajada de ondas de rádio aparentemente emanadas de Sagitário nunca foi repetida, apesar das numerosas buscas.

À luz desses problemas para a abordagem de rádio tradicional, alguns astrônomos do SETI apresentaram ideias alternativas pioneiras. SETI óptico defende a busca por sinais que estejam sendo emitidos por meio de luz visível, enquanto os defensores do SETI Ativo têm enviado mensagens deliberadas para o espaço, mais notavelmente a Mensagem de Arecibo de 1974 (ver ilustração).

Outra abordagem promissora é a procura de "tecno-assinaturas" em vez de mensagens deliberadas. Essas são marcas singulares delatoras na luz de estrelas e planetas que poderiam apenas ter sido criadas pelas atividades de uma civilização avançada. À primeira vista isso parece ficção científica, mas estruturas como cidades cobrindo um planeta inteiro, "propulsores Shkadov" e esferas de Dyson (conchas imensas construídas em torno de uma estrela com o propósito de colher sua energia) são todos projetos de engenharia plausíveis, que produ-

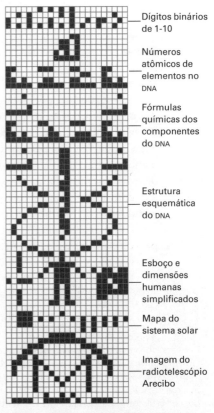

A Mensagem de Arecibo (acima) foi um pulso de 1.679 dígitos binários – o produto dos números primos 23 e 73. Quando arrumados numa grade de 23 colunas e 73 fileiras, a mensagem forma um pictograma simples.

- Dígitos binários de 1-10
- Números atômicos de elementos no DNA
- Fórmulas químicas dos componentes do DNA
- Estrutura esquemática do DNA
- Esboço e dimensões humanas simplificados
- Mapa do sistema solar
- Imagem do radiotelescópio Arecibo

1974
Drake, Carl Sagan e outros colaboram para enviar a simbólica mensagem de Arecibo para um aglomerado de estrelas distantes

1977
Ehman detecta um sinal de rádio forte, não repetitivo, aparentemente originário da direção de Sagitário

1986
Barrow e Tipler reformulam os princípios antrópicos fraco e forte em sua forma moderna

ziriam um sinal distinto. E mais, essa abordagem já rendeu o candidato SETI mais excitante em anos (ver boxe abaixo).

Ajuste fino para vida? Enquanto astrônomos do SETI ocupavam-se procurando inteligência, alguns cosmólogos também estavam igualmente absorvidos pela questão de por que *qualquer* planeta no Universo haveria de ter vida – e, de fato, por que há planetas, estrelas ou galáxias afinal. À medida que a teoria do Big Bang se desenvolveu a partir dos anos 1950, tornou-se cada vez mais claro que muitos aspectos do nosso Universo, da estrutura em larga escala dos aglomerados e superaglomerados de galáxias ao comportamento químico de elementos individuais, são dependentes de um punhado de constantes físicas. Se qualquer uma dessas tivesse um valor ligeiramente diferente, então o Universo como um todo seria muito diferente – provavelmente diferente o suficiente para impedir o desenvolvimento de vida. Dado que a própria teoria do Big Bang não oferece qualquer mecanismo específico para o controle dos valores dessas constantes, o fato de que elas parecem ter tido um "ajuste fino" para a vida parece uma coincidência extraordinária.

O mistério da estrela de Tabby!

Em setembro de 2015, uma equipe de astrônomos liderada por Tabetha Boyajian, na Universidade Yale, anunciou a descoberta de variações inexplicáveis na luz de uma estrela chamada KIC 8462852 (mais tarde apelidada de estrela de Tabby). Posicionada a cerca de 1.480 anos-luz de distância, na constelação do Cisne, a estrela tinha sido descoberta como parte da busca Kepler de exoplanetas (ver página 101), mas as diminuições intermitentes em sua luz não podem ser explicadas por planetas em trânsito. Em vez disso, parecem indicar um enxame de corpos menores em órbita. A explicação natural mais plausível, portanto, parecia ser um grande número de cometas em trajetos altamente elípticos que por acaso cruzaram na frente da estrela durante as observações do Kepler, mas, como o pesquisador do SETI Jason Wright chamou a atenção, as diminuições poderiam também ser causadas por uma esfera de Dyson, ou estrutura semelhante, sendo montadas em órbita. Os levantamentos por rádio não conseguiram detectar qualquer sinal vindo da vizinhança da estrela, mas o mistério aumentou no início de 2016, quando o astrônomo Bradley Schaefer examinou registros históricos e descobriu que o brilho da KIC 8462852 tinha diminuído em cerca de 20% desde 1890, praticamente excluindo a explicação dos planetas. É pouco provável que a estrela Tabby seja a sede de um canteiro de obras alienígena, mas certamente corresponde ao posto de "estrela mais misteriosa da nossa galáxia".

O físico Robert Dicke foi o primeiro a discutir uma explicação possível para esse ajuste fino em 1961, quando notou que só podemos existir porque vivemos em um estágio específico na história cósmica que é adequado à evolução da vida. Portanto, não devíamos fingir surpresa com o fato de vivermos em uma época particularmente hospitaleira. A mesma ideia básica está no coração do "princípio antrópico" proposto sob duas formas pelo astrofísico norte-americano Brandon Carter, em 1973. O princípio antrópico fraco de Carter afirma simplesmente que, como estamos aqui, a nossa localização no espaço e no tempo *deve* ser adequada ao surgimento de vida. Já seu princípio forte argumenta o mesmo para os valores das constantes físicas, chamando a atenção para o fato de que, se elas fossem muito diferentes, não estaríamos aqui para medi-las.

Em 1986, os cosmólogos John Barrow e Frank Tipler revisitaram a questão em um *best-seller*, *The Anthropic Cosmological Principle* [*O princípio cosmológico antrópico*]. Confusamente, eles surgiram com suas próprias definições dos princípios fraco e forte, que eram bastante diferentes das de Carter, e são essas versões as geralmente usadas na discussão hoje. O princípio antrópico fraco de Barrow e Tipler essencialmente abrange as duas variantes – fraca e forte – de Carter, argumentando que todos os aspectos físicos do Universo irão naturalmente ser adequados à vida, simplesmente porque estamos aqui para medi-los. O princípio forte, no entanto, vai muito além, sugerindo que pode haver alguma coisa com respeito ao Universo que dá a ele um *imperativo* para produzir vida – em outras palavras, ele realmente tem um ajuste fino dado por uma influência externa. Os autores apresentam três explicações possíveis para seu princípio forte: ou o Universo foi deliberadamente projetado para dar origem à vida por alguma agência externa; ou a presença de observadores nele é, de algum modo, necessária para que ele passe a existir (uma abordagem que ecoa alguns elementos da física quântica); ou, finalmente, nosso Universo é apenas um entre um vasto "conjunto" que permite que todos os parâmetros possíveis sejam explorados. Como veremos no capítulo 49, essa terceira opção pode não ser tão improvável como parece.

> **"Existem duas possibilidades: ou estamos sós no Universo, ou não. As duas são igualmente aterradoras."**
> Arthur C. Clarke

A ideia condensada: a adequação do Universo à vida faz surgir questões complicadas

49 O multiverso

Poderia o Universo ser apenas uma parte minúscula de um multiverso muito maior e talvez infinito? Muitos cosmólogos estão cada vez mais inclinados para essa ideia, mas que evidências poderiam ser encontradas para sustentá-la? E qual seria a forma das partes invisíveis do multiverso?

Provavelmente, a forma mais amplamente conhecida de multiverso é também a mais difícil de se imaginar. Trata-se do conjunto de um número infinito de universos paralelos sugerido pela "interpretação de muitos mundos" da mecânica quântica e adorado pelos escritores de ficção científica. De acordo com essa ideia, apresentada primeiramente pelo físico Hugh Everett, em 1957, a solução para efeitos incertos inerentes ao mundo subatômico da teoria quântica é que o Universo se ramifique constantemente, criando cópias nas quais todos os efeitos possíveis de cada evento possível são esgotados. Por sorte, os dois casos de multiversos mais comumente defendidos por cosmólogos são um tanto fáceis de entender, embora suas implicações sejam, em muitos aspectos, proporcionalmente profundas.

Além dos limites O objeto mais simples que poderia ser chamado de multiverso é um que podemos ter certeza de que existe – a extensão do nosso próprio cosmos bem além do limite de 46,5 bilhões de anos-luz do "Universo observável" estabelecido pela velocidade da luz (ver página 179). A existência desse multiverso é bastante óbvia quando se considera a situação de um observador hipotético em um planeta na margem do *nosso* Universo observável. Ao olhar numa direção ele pode ver através do abismo de espaço na direção da Terra, mas olhando na outra, pode ver regiões de espaço-tempo eternamente fora dos limites das nossas próprias observações.

Com base na evidência de que nosso Universo visível é "homogêneo e isotrópico" nas escalas maiores (em outras palavras, parece mais ou menos o mesmo, independentemente de onde você esteja ou em que direção esteja olhando), é razoável concluir que esse multiverso é essencialmente "mais

linha do tempo

1957	1981	1983
Hugh Everett formula a interpretação de muitos mundos da mecânica quântica	Alan Guth sugere que nosso Universo não passa de uma pequena bolha inflada do Big Bang original	Seinhardt argumenta que a inflação pode ser um processo eterno

da mesma coisa"; mas, exatamente, qual o seu tamanho? A resposta a essa pergunta depende da curvatura do próprio espaço-tempo, determinada pelo equilíbrio de matéria, matéria escura e energia escura no cosmos (ver página 202). Se o espaço-tempo se encurva para dentro, como uma esfera, então o multiverso é fechado, e talvez não mais de 150 vezes maior do que o nosso Universo visível. Se o espaço-tempo se dobra para fora, como uma sela (como a descoberta da energia escura sugere), então o multiverso é aberto e efetivamente infinito em tamanho. É estranho, mas um universo verdadeiramente infinito leva com ele a mesma implicação que a hipótese dos muitos mundos – em algum lugar, lá fora, cada efeito possível de cada evento está sendo exaurido em um Universo "paralelo".

> ## Quatro sabores de multiverso?
>
> O teórico e pioneiro em multiversos, Max Tegmark, define 4 níveis de multiversos:
>
> 1. Espaço-tempo normal além dos limites do Universo observável.
>
> 2. Universos com constantes físicas diferentes, como aquelas criadas por inflação eterna.
>
> 3. O Universo paralelo gerado pela interpretação de muitos mundos da mecânica quântica.
>
> 4. O conjunto final – uma estrutura puramente matemática que incorpora todos os multiversos possíveis.

Inflação eterna O segundo tipo de multiverso, que intriga os cosmólogos, é ainda mais estranho, oferecendo a possibilidade de universos radicalmente diferentes do nosso. Ele tem suas raízes na teoria da inflação, inventada por Alan Guth e outros no início dos anos 1980, como um meio de ampliar uma pequena seção do cosmos primordial e criar um Universo feito o que vemos hoje (ver página 168). Uma questão evidente na época era o que fazia com que a inflação chegasse a um fim, mas, em 1986, o eventual colaborador de Guth, Andrei Linde, levantou uma possibilidade ainda mais ousada – e se a inflação *jamais* chegasse a um fim?

No modelo da inflação eterna, ou caótica, novos "Universos bolha" são criados continuamente por um processo de mudança de fase, que é análogo à formação das bolhas na água com gás. Na vida do dia a dia, conhecemos as fases, sólida, líquida e gasosa, dos materiais, e talvez saibamos vagamente

1986
Andrei Linde propõe um modelo de inflação caótica que produz um número infinito de "universos bolhas"

1995
Edward Witten desenvolve a teoria de branas como uma variação da teoria das cordas

2001
Steinhardt e Turok publicam sua teoria da cosmologia de branas do multiverso

que as transições entre elas absorvem ou liberam energia. Mas na física fundamental, muitas outras propriedades têm fases, indo das características de partículas elementares às dimensões do próprio espaço-tempo, e a energia do vácuo, que permeia o cosmos (ver página 188).

Branas e dimensões mais altas

Tentativas para se encontrar uma teoria de unificação para a física de partículas nas últimas décadas fizeram surgir outra forma possível de multiverso, conhecida como cosmologia de branas. A candidata atual mais provável para unir as forças fundamentais da natureza – uma ideia complexa conhecida como Teoria-M – exige que o espaço-tempo contenha mais sete outras dimensões de espaço, que ignoramos atualmente. Algumas dessas poderiam ser "compactificadas", ou enroladas para dentro delas mesmas em escalas tão pequenas que não seriam notadas no nosso Universo (do mesmo modo que uma pequena bola de barbante parece um único ponto se visto de uma distância suficientemente grande), mas e se uma delas não fosse?

No final dos anos 1990, cosmólogos desenvolveram a teoria de que o nosso Universo poderia ser apenas uma região do espaço-tempo feito uma membrana, chamada brana, separada de um multiverso de branas semelhantes por pequenas distâncias em uma "dimensão hiperespaço" invisível. Em 2001, Paul Steinhardt e Neil Turok usaram branas como a base para um novo modelo cíclico de evolução cósmica, sugerindo que branas se afastam lentamente no hiperespaço, e isso se manifesta como energia escura dentro de cada brana. Colisões entre branas em escalas temporais de trilhões-anos provocam eventos de Grande Colapso (ver página 203), seguidos por Big Bangs.

Transições entre essas fases liberam muito mais energia do que entre as fases da matéria, e novas fases podem pipocar espontaneamente no vácuo do espaço. Seus destinos dependem de suas misturas precisas de propriedades – aquelas com energia de vácuo negativa rapidamente colapsam de volta para elas mesmas, mas aquelas com energia positiva começam a expandir, potencialmente criando um Universo bolha com suas propriedades e leis físicas, e até suas próprias misturas de dimensões. Em muitos casos, a energia de vácuo pode ser muito maior do que é em seu próprio Universo, talvez levando um universo a se expandir exponencialmente. Além da nossa bolha particular, o multiverso mais amplo seria tudo, menos homogêneo e isotrópico.

Variedade infinita Se esse modelo de multiverso estiver correto, então ele resolve muitos dos mistérios da cosmologia moderna. Por exemplo, a existência de inúmeras fases com propriedades radicalmente diferentes tornaria menos problemática a natureza bem afinada do nosso próprio Universo e o baixo valor de sua energia de vácuo. (ver páginas 196 e 188). A questão do que aconteceu "antes" do Big Bang e como ele foi provocado finalmente teria sentido, mas, por outro lado, nossa imagem há muito aceita de um Universo com 13,8 bilhões de anos de idade teria de ser abandonada, já que isso seria apenas a idade da nossa bolha particular em um processo eterno.

No momento, entretanto, essa teoria extraordinária permanece não provada. Alguns podem perguntar se seria possível confirmar a existência de tais universos variados além do nosso próprio, mas uma vantagem da inflação eterna é que ela produz previsões que podem ser testadas. Em teoria, as bolhas deveriam colidir ocasionalmente umas com as outras, com suas paredes externas se despedaçando a altas velocidades. O resultado no nosso Universo seria um "rastro cósmico", cuja passagem teria efeitos diversos, e que imprimiriam padrões distintos na radiação cósmica de fundo em micro-ondas. Embora esses padrões ainda não tenham sido encontrados, eles estariam bem no limite das nossas técnicas atuais de observação, de modo que o caso para esse tipo de multiverso permanece tentadoramente não provado.

> **"No espaço infinito, até os eventos mais improváveis devem acontecer em algum lugar."**
>
> Max Tegmark

A ideia condensada: nosso Universo pode ser apenas um em um cosmos infinito

50 O destino do Universo

Exatamente qual é o destino final do nosso Universo? Desde o nascimento da cosmologia moderna, os astrônomos buscaram distinguir entre diversas alternativas diferentes, mas a descoberta recente da energia escura introduziu um importante fator novo, aparentemente sentenciando o cosmos a uma morte longa e fria.

A ideia de que o Universo poderia algum dia chegar ao fim era tão estranha aos astrônomos no início do século xx quanto à ideia de que ele tenha tido um início. Até esse ponto, o cosmos tinha sido, em geral, considerado eterno, e tendo sido sempre mais ou menos o mesmo no passado distante como é hoje. A primeira pessoa a considerar seriamente essa alternativa foi Alexander Friedmann, que em 1924 elaborou sua ideia anterior do espaço-tempo em expansão (ver página 163) com propostas sobre como o Universo poderia evoluir. Friedmann argumentou que o Universo deve estar expandindo para sobrepujar a influência gravitacional da matéria dentro dele. Durante quanto tempo essa expansão iria continuar dependeria de um fator crucial conhecido como o parâmetro densidade (representado pela letra grega ômega Ω) – a distribuição média de massa e energia comparada a certa densidade crítica.

Se Ω for exatamente 1 (isto é, a densidade média do Universo é igual à densidade crítica), então a gravidade será suficiente para desacelerar a expansão cósmica, mas nunca exatamente fazê-la parar. Se Ω for menor do que 1, a expansão continuará para sempre; enquanto se for maior do que 1, irá retardar e eventualmente retroceder, e o Universo cairá de volta sobre ele mesmo. Friedmann descreveu esses três cenários como planos, abertos ou fechados, respectivamente.

Seguindo-se ao trabalho de Friedmann e à confirmação da expansão cósmica de Hubble, em 1929, Einstein, Lemaître e outros consideraram a possibi-

linha do tempo

1924	1934	1969	1977
Friedmann estuda a possível expansão do espaço-tempo	Tolman mostra que um universo em oscilação rompe com as leis da termodinâmica	Rees considera condições em um universo fechado "Grande Colapso"	Islam estuda a sina a longo prazo da matéria em um universo aberto

lidade de um universo cíclico e oscilante, que periodicamente se expandia e se contraía, passando por um estado quente, denso, em qualquer final de ciclo (um Big Bang e um Big Crunch [Grande colapso]). Um universo cíclico parecia mais eterno do que o momento definitivo da criação, sugerido pelo modelo de expansão direta, mas, em 1934, Richard Tolman mostrou que nenhum universo oscilante continuaria para sempre sem romper com as leis da termodinâmica. Ainda precisaria de um início definitivo, então os defensores estavam simplesmente trocando um momento mais recente de criação por outro mais distante.

> **As leis da natureza são elaboradas de uma maneira tal a tornar o Universo o mais interessante possível.**
>
> Freeman Dyson

Grande colapso ou morte térmica? Depois desse alvoroço inicial de interesse, a evolução futura do Universo permanece algo como uma contracorrente científica até meados dos anos 1960, quando a teoria do Big Bang foi conclusivamente provada pela descoberta da radiação cósmica de fundo em micro-ondas. Em 1969, Martin Rees revisitou o assunto com um reexame das condições em um Universo fechado em colapso. Ele descobriu que, à medida que o Universo se contrai, ele também se aquece, alcançando eventualmente temperaturas que fariam com que as próprias estrelas se evaporassem, antes que tudo mais fosse destruído em uma singularidade, ou reciclado em um Universo em oscilação.

Enquanto isso, em 1977, o cosmólogo de Bangladesh Jamal Nazrul Islam elaborou o primeiro estudo do que poderia acontecer em um Universo aberto. Ele predisse que, ao longo de trilhões de anos, ou até mais, grande parte do material nas galáxias iria acabar como buracos negros colapsados que lentamente irradiariam sua massa através da radiação de Hawking (página 134). Além disso, em escalas temporais ainda mais longas, muitas das partículas subatômicas na matéria ordinária se mostrariam vulneráveis ao decaimento radioativo. Outro modo de olhar para esse cenário é por meio das leis da termodinâmica, como William Thomson (Lord Kelvin) fez nos anos 1850. De fato, energia e informações ficam cada vez mais espalhadas até que o Universo seja efetivamente uniforme, uma condição conhecida como morte térmica. Em 1979, Freeman Dyson tratou de todos esses conceitos em maiores detalhes em seu estudo altamente influente, *Time Without End*

1998
Cosmólogos descobrem a energia escura da expansão cósmica, sugerindo que o Universo deve ser aberto e infinito

2001
Steinhardt e Turok revivem a ideia de um universo cíclico com sua teoria da cosmologia brane

2002
Linde argumenta que a energia escura pode ser capaz de se reverter no futuro

Um Big Slump?

Desde os anos 1970, os físicos de partículas têm tido consciência de um destino possível para o Universo que tende a ser desconsiderado nas discussões cosmológicas. Trata-se da possibilidade de que o vácuo atual do espaço não seja tão estável quanto aparenta ser, mas, ao contrário, seja "metaestável" e vulnerável a uma possível mudança dramática em algum ponto. Na física, o estado metaestável é o que parece ter um mínimo de energia, e será estável na maior parte das situações, mas que pode repentinamente desabar, se for introduzida a possibilidade de queda para um estado de energia ainda menor. Na escala cósmica, um evento desses poderia acontecer se uma pequena bolha do verdadeiro estado de vácuo pipocasse brevemente para a existência devido a efeitos quânticos (de um modo parecido às partículas virtuais – ver página 188). A bolha se expandiria à velocidade da luz, destruindo qualquer matéria em seu trajeto, ao afrouxar as ligações das forças fundamentais – um cataclismo apelidado de Big Slurp [engolida forçada]. Embora um evento desses esteja quase certamente a dezenas de bilhões de anos no futuro, cálculos com base em dados, como a massa do recém-descoberto Boson de Higgs, cada vez mais apontam para a ideia de que o nosso Universo está, de fato, em um frágil estado metaestável.

[*Tempo sem fim*], apresentando um cenário conhecido geralmente como o Big Chill [Grande Frio].

A distinção entre os dois cenários, de um Universo aberto e de um fechado, tornou-se preocupação principal dos cosmólogos nos anos 1980, sendo mais difícil pela necessidade de se medir acuradamente a contribuição da matéria escura. A maior parte das estimativas sugere que o Universo estava pairando próximo à densidade crítica, o que levou a esforços redobrados.

Entretanto, a descoberta da energia escura em 1998 mudou tudo. O fato de que a aceleração cósmica está, na verdade, aumentando, pareceu eliminar os cenários de espaço-tempo fechado e plano. No lugar deles, o Grande Frio foi acrescido de uma opção ainda mais alarmante. Até aqui, não sabemos o suficiente a respeito da energia escura para entender como ela se comportará no futuro, mas uma possibilidade (apelidada de energia fantasma por Robert Caldwell, em 2003) é que a força da energia escura vai continuar a aumentar exponencialmente, acabando por se tornar forte o suficiente para afetar as menores escalas e despedaçar a matéria em um Big Rip [Grande Rasgo]. Andrei Linde sugeriu em 2002 que ela poderá se mostrar capaz de se reverter, atirando o Universo de volta na direção do Grande Colapso, afinal de contas. Confirmação de que a energia escura parece ter alterado seu comportamento com o tempo (ver página 188) apenas aumenta a dúvida que rodeia quaisquer previsões sobre sua futura potência.

Ainda não exatamente o fim? Se a ideia de um longo, frio, crepúsculo cósmico, ou de um dilaceramento dramático de toda matéria não alivia o coração, então ideias a respeito do multiverso (ver página 200) pelo menos deveriam deixar alguma esperança para o futuro distante. De acordo com o modelo da inflação eterna, novos universos estão brotando o tempo todo, e um pode até pipocar dentro da nossa própria região do espaço-tempo antes que as grandes trevas se estabeleçam. Alternativamente, o modelo de Universo cíclico de Paul Steinhardt e Neil Turok pode oferecer outro modo de regenerar o Universo, embora muito depois de tudo o que é interessante a respeito do nosso próprio tenha murchado e sumido.

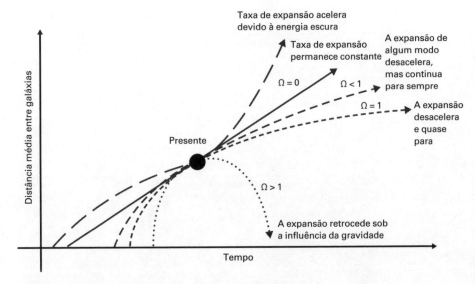

Possíveis sinas para o Universo foram tradicionalmente analisados em termos do parâmetro densidade Ω – mas a descoberta da energia escura parece superar as outras possibilidades.

A ideia condensada: como acabará o Universo – de fato, será que vai acabar mesmo?

Glossário

Aglomerado aberto Um grande grupo de jovens estrelas brilhantes que nasceram recentemente da mesma nebulosa.

Aglomerado globular Uma bola densa de estrelas antigas, longevas, em órbita em torno de uma galáxia.

Anã branca O núcleo denso, em esfriamento lento, deixado para trás pela morte de uma estrela com menos de 8 vezes a massa do Sol.

Anã marrom Uma "estrela fracassada" que não tem massa suficiente para fundir hidrogênio em seu núcleo.

Anã vermelha Uma estrela com consideravelmente menos massa do que o Sol – pequena, pálida e com baixa temperatura superficial.

Ano-luz A distância percorrida pela luz (ou outra radiação eletromagnética) em um ano, equivalente a aproximadamente 9,5 milhões de milhões de quilômetros.

Asteroides Um dos inúmeros objetos rochosos no sistema solar interior.

Atmosfera Uma casca de gases mantidos em torno de um planeta ou estrela por sua gravidade.

Binária eclipsante Um sistema binário cujas estrelas passam regularmente em frente umas das outras, causando uma diminuição no brilho total.

Buraco negro supermassivo Um buraco negro com a massa de milhões de estrelas, que se acredita ficar no centro de muitas galáxias.

Cinturão de Kuiper Um anel em formato de rosca situado nos mundos gelados logo além da órbita de Netuno.

Cometa Um aglomerado de rocha e gelo dos lugares longínquos do sistema solar.

Espaço-tempo "Variedade" quadridimensional no qual as três dimensões espaciais estão interligadas com a dimensão do tempo, dando origem aos efeitos de relatividade especial e geral.

Espectroscopia O estudo da distribuição das cores da luz vinda de estrelas e de outros objetos, revelando informações tais como a composição química do objeto, tamanho e trajeto através do espaço.

Estrela Uma gigantesca bola de gás cujo centro é quente e denso o suficiente para permitir a deflagração de reações de fusão nuclear que fazem com que ela brilhe.

Estrela binária Um par de estrelas em órbita em torno uma da outra.

Estrela de nêutrons O núcleo colapsado de uma estrela supermassiva, deixado para trás por uma explosão de supernova. Muitas estrelas de nêutron inicialmente se comportam como pulsares.

Estrela variável Uma estrela cujo brilho varia, ou devido à interação com outra estrela, ou por causa de alguma característica da própria.

Estrela Wolf-Rayet Uma estrela com massa extremamente alta que desenvolve ventos estelares tão fortes que fazem soprar sua camada exterior.

Flare Uma enorme liberação de partículas superaquecidas acima da superfície de uma estrela, provocada por um curto-circuito em seu campo magnético.

Fusão nuclear A união de núcleos atômicos leves para formar outros mais pesados a temperaturas e pressões muito altas, liberando excesso de energia no processo. A fusão é o processo responsável pelo brilho das estrelas.

Galáxia Um sistema independente de estrelas, gás e outros materiais com um tamanho medido em milhares de anos-luz.

Galáxia ativa Uma galáxia que emite grandes quantidades de energia de suas regiões centrais.

Gigante vermelha Uma estrela que passa por uma fase em sua vida na qual sua luminosidade aumenta enormemente, fazendo com que suas camadas exteriores se expandam e sua superfície esfrie.

Jatos relativísticos Fachos de partículas em movimento próximo à velocidade da luz, gerados em torno de objetos como os buracos negros.

Linha de neve O ponto em qualquer sistema solar em que a radiação da estrela central é fraca o suficiente para que gelo de água e outras substâncias químicas voláteis sobrevivam em forma sólida.

Nebulosa Uma nuvem de gás ou poeira flutuando no espaço. As nebulosas são o material de origem das estrelas, e onde são novamente espalhadas no final de suas vidas.

Nebulosa planetária Uma nuvem de gás em expansão formada pelas camadas exteriores expelidas e uma estrela gigante vermelha morrendo.

Nova Um sistema binário de estrelas em que uma anã branca rouba material de uma estrela companheira e dispara explosões ocasionais.

Nuvem de Oort Uma casca esférica de cometas adormecidos, com até 2 anos-luz de diâmetro, envolvendo o sistema solar inteiro.

Planeta Um mundo esférico em órbita em torno de uma estrela, com massa e gravidade suficientes para limpar o espaço em torno de sua órbita de outros objetos, fora suas próprias luas.

Planeta-anão Um objeto parecido com um planeta que não tem massa suficiente para se qualificar como um planeta verdadeiro.

Pulsar Uma estrela de nêutron girando rapidamente com um intenso campo magnético que canaliza sua radiação em 2 fachos estreitos.

Radiação eletromagnética Um tipo de energia consistindo em uma combinação de ondas elétricas e magnéticas, capazes de se propagar através de um vácuo na velocidade da luz.

Sequência principal Expressão usada para descrever a mais longa fase na vida de uma estrela, durante a qual ela é relativamente estável e brilha ao fundir hidrogênio em hélio em seu núcleo.

Supergigante Uma estrela massiva e extremamente luminosa tendo entre 10 e 70 vezes a massa do Sol.

Supernova Uma explosão cataclísmica que marca a morte de uma estrela.

Trânsito A passagem de um corpo celeste pela face de outro.

Unidade astronômica Uma unidade de medida equivalente à distância média da Terra ao Sol – aproximadamente 150 milhões de quilômetros.

Vela padrão Qualquer objeto astronômico cuja luminosidade possa ser conhecida independentemente, permitindo que sua distância seja calculada a partir de seu brilho aparente.

Índice

A
Abell, George Ogden 113, 160
acreção por colisão 19-20, 22, 36
Aglomerados abertos de estrelas 82, 83, 84, 85, 139, 208
AGNs *ver* Núcleos galácticos ativos
Alpher, Ralph 166-167, 170, 171, 178, 180
Anãs brancas 81, 90, 91, 111, 113, 126-127, 130-131, 132, 184, 186, 209
Anãs marrons 90, 91, 92-93, 103, 207
Anãs vermelhas 90, 91-92, 98, 208
Antenae, Galáxias 149
Antrópico, Princípio 194, 195, 197
Arecibo, Mensagem de 195
Aristarco 16
Arquea 50, 51-52
asteroides 15, 24, 42, 46-49, 145
asteroides próximos da Terra 47

B
B2FH, artigo (1957) 121, 123, 124, 171
Baade, Walter 122, 123, 127, 128, 131, 143, 147, 150, 154, 155, 160, 175
Barnard, E. E. 172
Barnard, Estrela de 90, 98
Bell, Jocelyn 127, 128-129
Bessel, Friedrich 58, 59, 60, 126
Betelgeuse 62, 64, 110
Bethe, Hans 75, 76, 77, 80, 171
Big Bang 7, 143, 164, 166-169, 170, 171, 174, 175, 176, 179, 180, 181, 184, 187, 191, 193, 196, 198, 200, 203
Binária eclipsante 96, 97, 114, 130, 207
Bode, Lei de 47
Bohr, Niels 63
Bok, glóbulos 86-87
Buraco negro 125, 126, 127, 128, 129, 130, 134-137, 142, 143, 144, 145, 154, 155-157, 159, 174-175, 177, 179, 180, 184, 193, 203, 208

C
Calisto 38, 39, 40
calor, morte por 203
Canopus 59
Caranguejo, Nebulosa do 122, 123
carbono, planeta de 103
Caronte 44
Carter, Brandon 194, 197
cataclísmicas, variáveis 130-131
Cefeidas 114, 115-116, 117, 119, 148, 162, 164-165, 186
Centaurus A 156
Ceres 15, 16, 42-43, 44, 45, 46, 47
Chandrasekhar, Limite de 124, 126, 127-128, 138, 134, 135, 186

Ciclo CNO 75, 76, 77, 79, 143, 170
Ciclo solar 55-56, 57
cometas 15, 46-49
Constante cosmológica 162, 186, 188
contato binário 97
Copérnico, Nicolau 6, 7-8, 14
Cosmologia brane 199, 200, 203
Criovulcanismo 41, 45
Ctônicos, planetas 104
Cygnus A 154, 155
Cygnus x-1 135, 137

D
Darwin, George 27
densidade, Teoria da onda de 140, 147
Dicke, Robert 196
Dione 41
Doppler, efeito/desvio 56, 62, 63, 64, 96, 99, 102, 104, 137, 144, 154, 155, 162, 164
Draper, Catálogo 63, 64-65, 66

E
$E=mc^2$ 75, 123, 167, 189, 191
Eddington, Arthur 70-73, 75-76, 78-80, 110-111, 115-116, 118-119, 134, 166, 172, 191, 192, 193,
Einstein, Albert 70, 75, 123, 134, 162-163, 166, 167, 186, 188-189, 190-193, 202
Encélado 39, 40-41, 51-53
Energia escura 163, 186-189, 199, 200, 202, 203, 204-205
Éris 42, 43
espectroscopia 12, 38, 60, 62, 70, 72, 208
espiral barrada, galáxia 139, 141, 146-147, 149
Estrelas,
 aglomerados de 82-85
 ciclo de vida 75, 78-81, 172-173
 classificação espectral 64-67
 cor e temperatura 60-61
 distância e luminosidade 58-59, 69
 estrutura 70-73, 81
 fonte de energia 74-77, 78-80, 111
 medidas 58-61
 nascimento 82-85, 86-89
 peso 61
 química 62-65
 relação massa-luminosidade, 78-80
 remanescentes de 91, 126-129
 tempo de vida 79
Estrelas anãs 84, 90-93, 110, 111
Estrelas bebês 88, 110
Estrelas binárias 56, 58, 79, 94-97, 114, 115, 130-133, 207
Estrelas binárias extremas 130-133

Estrelas Delta Scuti 117
Estrelas escuras 135
Estrelas monstros 125, 144, 174-177
Estrelas múltiplas 94-97
Estrelas pulsantes 114-117
Estrelas variáveis 56, 69, 96, 115, 164
Eucariotos 52
Europa 38, 39, 40, 41, 51
Exoplanetas 22, 56, 98-101, 102, 103, 104, 105, 106, 108-109, 196
Explosões solares 56, 57
Extremófilos 50, 52, 108

F
ferro, planetas de 105
Fleming, Williamina 65, 66
Formação planetária 18-21, 103
Fraunhofer, linhas de 62-63
Friedmann, Alexander 162, 163, 166, 202
fusão, Modelo de 76

G
Galáxia elíptica 143, 149, 152, 153, 156, 159, 179
Galáxia elíptica gigante 153, 159, 160
Galáxia espiral 143, 146, 151, 152, 154, 158, 183
Galáxias
  aglomerados 137, 158-160, 182
  em colisão e evolução 150-53, 155, 156, 160
  tipos de 146-149
Galáxias anãs esferoidais 146, 148-149
Galáxias ativas 136, 142, 154-157, 179, 191
Galáxias irregulares 148, 152
Galáxias lenticulares 146, 147-148, 149, 153
Galáxias primitivas 174-177
Galilei, Galileu 10-11, 14, 54, 138
Gamow, George 75, 76-77, 79, 80, 81, 110, 111, 166, 167, 170-171
Ganímedes 38, 39, 40
geocêntrico, Modelo 7
Gigante vermelha 78, 79, 81, 84, 110-113, 119, 130, 141, 170, 208
Gigantes de gás 21, 34-37, 93, 103 ver também Júpiter; Saturno
Gigantes de gelo 24, 34-35, 37 ver também Netuno; Urano
Goldilocks, zonas de 106-109
Grande Colapso (*Big Crunch*) 203
Grande Sorvo (*Big Slurp*) 204
gravitacionais, lentes 183, 184, 193
gravitacionais, ondas 133, 135, 156, 190-193
Guth, Alan 167, 168, 198, 199

H
Halley, Edmond 15, 46, 48, 54
Hartmann, Johannes 170, 172
Hawking, radiação de 137, 203

Hawking, Stephen 137
hélio, fusão de 111, 170
heliocêntrico, Modelo 7, 8, 10
heliosfera
heliosismologia 71, 72
Helmholtz, Hermann von 74-75
Herbig Ae/Be, estrelas 88
Hermann, Robert 166, 178, 180
Herschel, William 7, 14, 15, 34, 55, 58, 82, 83, 94, 95, 126, 138, 180
Hertzsprung, Ejnar 67, 78, 84, 91, 110, 148
Hertzsprung-Russell, diagrama de 66-69, 70, 78, 91, 113
hipernovas 125, 177
Holmberg, Erik 150, 153
Horizonte de eventos 135-137
Hoyle, Fred 112, 120, 123, 166, 170
Hubble, Constante de 163, 164, 186
Hubble, Edwin 7, 9, 146, 147, 148, 150, 158, 162, 166
Hubble, Lei de 156, 163, 186
Hubble, Telescópio Espacial 16, 39, 42, 44, 47, 49, 87, 113, 148, 151, 153, 165, 179, 186, 187
Huggins, William 10, 63, 64, 82, 83

I
Impacto gigante
hipótese 26, 28-29
inflação 167, 169, 198, 199, 201, 204
Inteligência Extraterrestre, Busca de (SETI) 194, 195, 196
Intenso Bombardeio Tardio 22, 24
Io 39
IRAS ver Satélite Astronômico Infravermelho

J
Jansky, Karl 142, 143
Jovianas, luas 38-39
Júpiter 8, 10, 14, 15, 23, 24-25, 34-35, 36, 38-39, 40, 46, 47-8, 178
Júpiteres quentes 102, 103, 104

K
Kant, Immanuel 18, 19, 49, 138
Kappa, mecanismo 116-117
Kapteyn, Jacobus 138-139
Kelvin, lord 75, 203
Kepler, Johannes 7, 10, 54
Kepler, satélite 101
Kirchhoff, Gustav 59, 62
Kuiper, Cinturão de 15, 16, 18, 20, 23, 42, 43, 44, 46-49, 207
Kuiper, Gerard 49, 130
Kuiper, Objetos do Cinturão de (KBOS) 16, 43

L
Laplace, Pierre-Simon 18

Le Verrier, Urbain 15-16, 34
Leavitt, Henrietta Swan 115, 148
Lemaître, Georges 162, 163-164, 166, 202
Linde, Andrei 169, 199, 204
Lowell, Percival 16, 50
Lua, nascimento da 26-29
Luas oceânicas 38-41, 106
Luminosidade, classes de 118, 121
Luz, velocidade da 124, 125, 134, 135, 178, 190-191, 198
Lynden-Bell, Donald 135, 136, 142, 155, 157

M
MACHOS 174, 183-184
magnetares 128
magnéticos, campos 34, 40
magnitude, sistema de 58, 59
manchas solares 54-55, 56, 57
marés, Modelo do aquecimento de 38, 39-40, 41
Mars Global Surveyor (MGS) 31
Marte 8, 14, 15, 16, 21, 23, 24, 25
Água em 30-33, 51
Vida em 33, 50-52, 53
Matéria escura 152, 169, 174, 176, 182-185, 188, 189, 192, 193, 199, 204
Maury, Antonia 66-67, 95, 96
Maxwell, James Clerk 178, 190
Meio interestelar (ISM) 17, 172, 176
Mercúrio 8, 14, 16, 105, 192
Messier-77 154
Messier-87 159
meteoritos 48, 52, 53, 124
Migração planetária 22-25, 36, 103
Milankovitch, ciclos de 32
Minkowski, Hermann 190, 192
Minkowski, Rudolph 122, 123, 154, 155
Mira 114, 117
Mizar/Mizar A 94-95, 96-97
MK, classificação (Yerkes) 118
Modelo de aquecimento das marés 37-39
Movimentos planetários 6-8, 14
muitos mundos, interpretação de 198
multiverso 9, 198-201, 204

N
nebular, hipótese 18, 19
nebulosas 82-85
Netuno 8, 15, 16, 22, 23-24, 34-37, 38, 46
Netunos quentes 104
neutrino 124, 183, 185
nêutrons, estrelas de 123, 124, 126, 127, 128, 130, 133, 135, 137, 184, 191, 193, 207
Novas anãs 132
Novo Catálogo Geral (NGC) 83
Newton, Isaac 10, 11, 14, 62, 135, 191
Nice, Modelo de 22, 23-24, 36

Núcleos Galácticos Ativos (AGNs) 157
Nucleossíntese 168, 169, 170-173, 184

O
Oort, Jan 49, 139, 140, 182
Oort, Nuvem de 17, 18, 46, 49, 208
Öpik, Ernst 47, 49, 71, 73, 78, 80-81, 110-111
Oppenheimer, Robert 135

P
Pacini, Franco 128-129
panspermia 52
paralaxe, efeito de 8, 58, 59, 60-61, 68, 98
partículas, aceleradores de 168
Pauli, princípio da exclusão de 127
Payne, Cecilia 70, 72, 76
51 Pegasi B 98, 99, 102
Pickering, Edward 65
Pickering, William 66-67, 95, 96-97
"Pilares da Criação", imagem 87
Pistola, Estrela da 144
Planetas-anões 14, 16, 42-45
planetesimais 20, 21, 24, 36
Plutão 15, 16, 17, 41, 42-45
Pogson, Norman R. 58, 59
População I, estrelas da 143, 146, 164, 175
População II, estrelas da 117, 142, 143, 144, 146, 147, 164, 175
População III, estrelas da 174, 175-177
Princípio antrópico 197
Processo-r 121, 124
Processo-s 121
Processo triplo-alfa 111, 112, 120, 170-171
próton-próton, cadeia 75, 76, 79, 80, 89, 91, 92, 143, 170, 176
Proxima Centauri 90, 91
Ptolomeu 6, 7, 8, 82
pulsar 98, 99, 127, 129, 133, 208

Q
quarks, Estrelas de 129
quasar 135, 142, 154-157, 175-176, 179, 192
quinta-essência 189

R
R Coronae Borealis, estrelas 116
Radiação cósmica de fundo em micro-ondas (CMBR) 164, 166, 167, 168, 176, 178, 179, 180, 181, 184, 187, 188, 201, 203
Radiação eletromagnética 11-13, 207
Radioastronomia 129, 142, 155
Radiogaláxia 154, 156-157
raios X, Binárias de 133
Rees, Martin 136, 142, 174, 202, 203
reionização, Problema da 175
Relatividade Geral 70, 134, 162, 166, 184, 186, 188, 190, 191, 193
Relatividade especial 190, 191-193, 208

retrógrado, movimento 8
RR Lyrae, estrelas 117, 164
Rubin, Vera 182, 183
Russell, Henry Norris 68, 78, 110

S
Safronov, Viktor 19-21
Sagan, Carl 7, 107, 133, 195
Sagitário A 142-145
Sandage, Allan 154, 155, 163, 164-165
Satélite Astronômico Infravermelho (IRAS) 86
Saturno 8, 11, 14-15, 22-24, 34-37, 40
Schiaparelli, Giovanni 30, 46, 49, 50
Schwabe, Heinrich 55
Schwarzschild, raio de 135
Secchi, Angelo 63, 64
seixos, acreção de 18, 21, 36
SETI ver Inteligência Extraterrestre, Busca por
Seyfert, galáxias 154-155, 156, 157
Shapley, Harlow 115, 138, 139, 142, 146, 149, 163, 166
Shklovsky, Iosif 79, 111, 112-113
sinais, Caça de 194-197
Sirius 6, 58-59, 62, 64, 90, 126
Sistema solar 8, 14-17
 nascimento do 18-21, 22-25, 26, 36-37, 38, 46, 48-49
 outros 102-105
Sol 14, 19, 54-57, 61, 72, 74
Struve, Otto 99
super-Terras 102, 104
superaglomerados 158, 159-161, 174
superestrelas, aglomerados de 149
supergigantes 68, 78, 118-121, 126, 170
supergigantes vermelhas 118-119
supernovas 87, 120, 121, 122-125, 126, 131, 132, 133, 143, 147, 151-152, 171, 176, 177, 185, 186-187, 209

T
T Aurigae 130, 131
T Tauri, estrela 86, 87, 88-89, 116
Tabby, estrela de 196
telescópios 10-13, 14
Teoria da onda de densidade 140, 147
Teoria-m 200

Theia 28, 29
Tipo Ia, supernovas 123, 125, 131, 132-133, 186, 187
Titã 36, 40, 41
Toomre, Alar e Jüri 150-151, 152-153
trânsito, Método do 99, 100-102

U
unidade astronômica (AU) 14, 207
Universo
 destino do 202-205
 em larga escala 158-161
 expansão 156, 162-165, 186, 188, 202-203, 205
 formação 166-169
 margem do 178-181
 nosso lugar no 6-9
 nucleossíntese e evolução 170-173
 observável 178, 179
Universos bolha 168, 198, 199-200
Urano 8, 14, 15, 22, 23-24, 34, 35, 36, 37, 46, 47
Ursa Maior, grupo em movimento da 85

V
Vácuo, energia do 188
Variáveis azuis luminosas (LBVs) 119-120
velocidade radial, Método da 99-101, 102
Vênus 8, 10, 14, 21, 50, 108
Via Láctea 7, 8, 9, 58, 91, 122, 137, 138-141, 142-145, 146, 147, 151, 158, 170, 182
Vida alienígena 33, 50-53, 103, 106-109, 128, 194-197

W
W Virginis, estrelas 116
Waterston, John James 74
Weizsäcker, Carl Friedrich von 76-77
WIMPs 183, 184, 185
Wolf-Rayet, estrelas de 118, 119, 125, 209
Wow! sinal 195

Z
Zeeman, efeito 56
Zwicky, Fritz 122-123, 127, 128, 131, 158, 159, 182, 183, 184

Agradecimentos

Agradeço a Paul Crowther, Matthew Kleban, Hal Levison, Giuliana de Toma e os muitos outros cientistas operantes que gentilmente criaram tempo para me ajudar a avançar rapidamente em algumas das mais excitantes áreas da astronomia moderna nos últimos meses.

Este livro não teria sido possível sem a ajuda capaz de Tim Brown e Dan Green – agradeço a ambos por seus esforços super-humanos!

E acima de tudo, agradeço a Katja por seu apoio infalível.

Créditos de imagens

28: Robin Canup, Southwest Research Institute;

33: NASA/JPL/Malin Space Science Systems;

44: NASA, ESA, H. Weaver (JHU/APL), A. Stern (SwRI), and the HST Pluto Companion Search Team;

53: NASA;
84: ESO;
93: ESO/I. Crossfield;

140: User: Dbenbenn via Wikimedia;

161: 2dF Galaxy Redshift Survey team/http://www2.aao.gov.au/2dFGRS/;

181: NASA/WMAP Science Team;

187: NASA/ESA, The Hubble Key Project Team and The High-Z Supernova Search Team;

195: Pengo via Wikimedia.

**Acreditamos
nos livros**

Este livro foi composto em Goudy Old Style
e impresso pela Intergraf para a Editora
Planeta do Brasil em junho de 2019.